Safety Engineering for Chemists

# 化学系のための
# 安全工学

●実験におけるリスク回避のために

西山 豊・柳 日馨 編著

化学同人

# は じ め に

　化学系の実験ではさまざまな化学物質を使用する．その化学物質の性質によっては，爆発，火災の危険だけではなく，生命にもかかわる健康被害を受ける危険も伴う．これらの事故はその危険性を認識せずに使用している場合はもちろん，危険を承知していてもちょっとした油断で起こってしまう．

　事故は自分自身を傷つけるだけではなく，周囲の人を巻き込むこともある．化学の実験を安全におこなうには，用いる化学物質がどのような危険性をもつのかについて，実験の前に正しい知識を蓄える必要がある．

　化学の実験室では高圧ガスを扱う機会がよくあるが，高圧ガスを安全に扱うには，ガスの性質やガスボンベと減圧調整弁の仕組みから理解することも必要になる．化学の実験室では化学物質のみならず，電気で動くさまざまな測定機器を日常的に使用するし，なかにはX線やレーザー光など取り扱いに大きな注意を払う機器も含まれる．また，実験後にはさまざまな化学廃棄物が生じるので，それらの廃棄法について十分に知識をもっておく必要がある．

　この本では化学の実験室で想定されるさまざまな危険を回避して，事故を起こさず安全に実験をおこなうために必要な知識について，それぞれの項目でできるかぎりわかりやすく説明することとした．人間の安全を冒してする必要のある研究は，基本的にはない．そのためにも安全のために必要な知識をしっかり育むこととしたい．そして可能なかぎり安全な環境で，研究に取り組むこととしたい．本書が学生や若い研究者の安全に実験に取り組むための手助けとなれば，このうえない喜びである．

　なお，本書に関しては，元大阪大学教授の苗村浩一郎先生による関西大学工学部，化学生命工学部における安全工学の講義で長年にわたり用いられた先生独自の講義資料がたいへん素晴らしく，わかりやすいと学生に好評であったことから，先生に許可を得て，再編集とともに加筆させていただいた．

出版をご快諾いただいた苗村先生に心より感謝申しあげます．また，出版にあたり，御尽力いただきました化学同人編集部の栫井文子さんに感謝申しあげます．

2017 年盛夏

著者を代表して

西山　豊

# 目　次

**第0章** 安全を学ぶ意義──実験室は危険と隣り合わせ　7

**第1章** 火災や爆発の危険性がある化学物質　17

1.1　化学物質安全性データシートとは ……………………………… 18

1.2　消防法による危険物の分類　22

1.3　酸化性固体：危険物第1類　23

1.4　可燃性固体：危険物第2類　26

1.5　自然発火性物質および禁水性物質：危険物第3類 ……………… 30

1.6　引火性液体：危険物第4類　34

　　*1.6.1*　特殊引火物，第1石油類，アルコール類 ……………… 35

　　*1.6.2*　第2石油類，第3石油類，第4石油類 ……………… 38

　　*1.6.3*　動植物油類 ……………………………………………… 39

　　*1.6.4*　静電気からの引火 ………………………………………… 43

1.7　自己反応性物質：危険物第5類　44

1.8　酸化性液体：危険物第6類　46

1.9　混合危険について　47

1.10　危険物の指定数量と危険等級 ………………………………… 50

　　**章末問題** ……………………………………………………… 51

4 目 次

## 第2章 実験室での火災への対処法　　55

2.1 消火器の消火原理(消火作用) ……………………………………… 55
2.2 消火器の種類 ……………………………………………………… 56
2.3 実験室内での火災への対処 ……………………………………… 61
2.4 火災事故への日常の備え ………………………………………… 63
　章末問題 …………………………………………………………… 65

## 第3章 毒性のある化学物質　　67

3.1 毒作用とその種類 ………………………………………………… 67
3.2 毒物と特定毒物 …………………………………………………… 72
3.3 劇　物 ……………………………………………………………… 74
3.4 薬物(毒薬, 劇薬, 指定薬物) …………………………………… 76
3.5 発がん性物質 ……………………………………………………… 76
3.6 毒性表示と保管管理 ……………………………………………… 81
　3.6.1 毒性表示と法律による表示義務 ……………………………… 81
　3.6.2 薬品の保管および薬品管理システムの利用 ………………… 83
3.7 環境に負荷を与える化学物質 …………………………………… 85
　章末問題 …………………………………………………………… 89

## 第4章 高圧ガスの危険とその安全な取り扱い　　91

4.1 高圧ガスの危険 …………………………………………………… 92
　4.1.1 高圧ガスの分類 ………………………………………………… 92
　4.1.2 爆発, 火災, 酸素欠乏の危険 ………………………………… 95

目次 5

*4.1.3* 低温液化ガスの危険 ......................................................... 99
4.2 高圧ガスを安全に扱うために ......................................................... **105**
*4.2.1* 物理的な力による危険 ......................................................... *105*
*4.2.2* 圧力調整器を安全に扱うために ......................................................... *110*
章末問題 ......................................................... **117**

## 第 5 章 　X 線およびレーザー光の危険　　119

5.1 X 線の危険 ......................................................... **119**
5.2 レーザー光の危険 ......................................................... **121**
章末問題 ......................................................... *123*

## 第 6 章 　電気の危険　　125

6.1 感電の危険 ......................................................... **125**
6.2 高電圧の危険 ......................................................... **126**
6.3 発火源になる電気の危険 ......................................................... **128**
章末問題 ......................................................... *133*

## 第 7 章 　安全とリスクに対する考え方　　135

7.1 安全とリスク ......................................................... **135**
7.2 リスク管理と予防原則 ......................................................... **138**
7.3 化学物質の生体への影響 ......................................................... **141**
7.4 労働安全衛生法の改正とリスク評価の義務化 ......................................................... **143**
章末問題 ......................................................... *147*

6 目 次

## 第8章　化学物質の生体への影響 　149

8.1　化学物質の体内動態 ………………………………………………… **149**

8.2　化学物質の毒性と暴露量－反応曲線 ………………………………… **150**

8.3　化学物質の生物への濃縮性と分配係数 ……………………………… **153**

8.4　健康に対する食品のリスク評価 ……………………………………… **156**

8.5　健康に対する発がん性のリスク評価 ………………………………… **164**

8.6　健康に対する放射線のリスク評価 …………………………………… **167**

　章末問題 ………………………………………………………………… **174**


## 第9章　実験系の廃棄物 　177

9.1　大学における廃棄物処理の変遷 ……………………………………… **177**

9.2　産業廃棄物の分類 ……………………………………………………… **178**

9.3　研究室から発生する廃棄物 …………………………………………… **179**

　　*9.3.1　液体廃棄物* ……………………………………………………… *181*

　　*9.3.2　固体廃棄物* ……………………………………………………… *187*

　　*9.3.3　気体廃棄物(排ガス)* …………………………………………… *189*

9.4　実験排水 ………………………………………………………………… **189**

　章末問題 ………………………………………………………………… **192**


付　表 ………………………………………………………………………… **194**

索　引 ………………………………………………………………………… **201**

# 第0章 安全を学ぶ意義——実験室は危険と隣り合わせ

● **実験室の先輩から皆さんへ**

　誰もが化学の実験を安全に取り組みたいと思っているものです．でも，その思いだけで安全は守られるものではありません．知識と行動と，そして高い倫理観が必要です．義務教育を受けた人なら塩酸と水酸化ナトリウム水溶液を用いる中和反応を知らない人はおそらくいないでしょう．中学生が必ずおこなう，この中和反応の実験は実は危険性を秘めています．なぜなら強塩基を扱うからです．われわれの皮膚はタンパク質でできています．タンパク質は酸には比較的強いのですが，塩基には弱く，実際，水酸化ナトリウムの水溶液が手に触れると皮膚が侵されることを経験した人もいるでしょう．これは水酸化物イオンがペプチド結合のカルボニル基に求核攻撃をすることで起こる化学反応によるものです．したがって，もし水酸化ナトリウム水溶液の液滴が目に入ったとしましょう．角膜のタンパク質が損傷することが容易に想像できます．

　気をつけて実験をおこなうと，そういうことには決してならないと思っているとしたら，それは大きな間違いです．自分が気をつけていても安全とはいえず，事故に巻き込まれる可能性があることは，日常的に起こる交通事故からも容易に想像できます．いつ隣の実験者から水酸化ナトリウムの液滴が飛んでこないともかぎりません．そして，安全に実験をするためのこの解は「安全保護メガネ」をかけることなのです．ぜひとも中学校の中和実験から保護メガネをかける習慣がつくとよいと常に思っています．もちろん，大学での化学実験にメガネの着用は不可欠です．いまでは，着用なしでは実験室へ

の立ち入りを禁止しているところも多くあります．

　触媒的不斉酸化反応とクリックケミストリーの研究成果で2001年と2022年の2回にわたりノーベル化学賞を受賞したK. B. Sharpless教授は，片目が義眼であることを公表しています．それは，若い研究者たちに自分のような目にあってほしくないという強い気持ちからと聞いています．若かりしSharpless教授がMITに赴任したころに片目を失明した原因は，液体窒素で冷却したNMR測定管を取りあげて見ようとしたためでした．液体窒素よりも沸点がわずかに高い酸素が，管のなかで液化凝結していたのですが，目にかざした瞬間に温度が上昇し，気体となった酸素が圧力となって，ガラス製の測定管が破裂したのです．たまたま，着替えて帰る直前だったので，実験用メガネを外したあとの出来事でした．実験室では必ずメガネを着用するようにと学生に説くSharpless教授の言葉には大きな重みがあります（https://ehs.mit.edu/site/content/prof-sharpless-eye-accident-report）．

**教訓** 実験にあたっては，必ず安全保護メガネをかける

　実験を安全におこなうには，扱う物質に対しての基本知識と操作に対する基本知識がともに必要です．そんなことを感じさせる経験事例をいくつか紹介しましょう．研究室にやってきた4年生が，常圧蒸留をしたときのこと，「目を離したときに，蒸留装置にさしていた温度計がなくなった」といってきました．すぐにピンときて「床を探してごらん」といいました．割れ散った温度計が床にありました．彼は密閉系で蒸留をやっていたのです．よって内部圧が増し，温度計はロケットとなり，天井にぶつかって破損しました（実際

実験室の先輩から皆さんへ　9

見たのではありませんが).

　密閉系で蒸留とは絶句ものですが，研究室へ入りたての学生は想像もしない，いろいろなことを起こします．あるときには，別の学生が実験後に流しで洗ったガラス器具を乾燥機で乾燥させていたのですが，そのなかに水銀の温度計も一緒に入れてしまいました．当然の結果として，温度計は乾燥機内で温度上昇とともに割れ，乾燥機の内部が水銀で汚染されてしまいました．水銀を加熱すると，猛毒の水銀蒸気が出ますので，周囲の実験者への二次災害が危ぶまれるところでした．実験室はまさに危険と隣り合わせです．

**教訓** 初心者は経験者への確認を励行

　まだまだ欧米並みとはいきませんが，それでも最近ではドラフトチャンバー（ヒュームフード）が以前に比べれば多く普及してきました．ドラフトチャンバーでは排気の状態で実験をおこないますので，危険な薬品を吸入したりする危険性が大きく減ります．ところが，排気は気流の流れを伴いますので，空気の供給すなわち給気があってはじめて成立します．部屋がもし減圧になっていたら，供給が不足していることのシグナルですので，十分な給気をしましょう．単に減圧なのでよく引いていて安全だと勘違いしないでください．

　実験室を回っていて，つねづね驚くことは，ドラフトチャンバーが開けっ放しになっている事例の多さです．開け閉めが実験操作上面倒なのはわかり

ますが，開けたままでは十分な排気状態を保つことができませんし，ドラフトチャンバーの強化ガラスが万が一のときの防御壁になる役割も果たせません．面倒でもドラフトフードを頻繁に閉めるようにしましょう．

**教訓　ドラフトフードを閉める**

　先ほどの温度計に関する事例は4年生の単純なミスによる事故例ですが，もう少し複雑な要素から事故に至った事例を紹介しましょう．私自身が4年生であったときに，大学院の先輩によるフラスコの破裂事故を目撃しました．年末の大掃除のときでした．先輩が長く放置されていた古いガラス瓶を見つけました．液体部分はなく白い固形物が乾固した状態となっていました．これは乾燥剤としてよく使う塩化カルシウムだろうと考え，その先輩はそのガラス瓶を流しにもっていき，水道の蛇口をひねり，なかに水を入れたとたん，パーンという音とともにガラス瓶が割れ，先輩は右目の下に切り傷を負いました．その先輩はいつもメガネをかけて実験していましたが，大掃除のため，その日はかけておらず，数センチずれていれば，大惨事だったでしょう．一方で，先輩は右ほほの傷よりも左目のほうが痛いと訴えていたのです．これは爆風による急激な風圧を浴びたためでした．幸いにして半年ほどで先輩の視力は元に戻りました．

　実は，そのガラス瓶には金属ナトリウムが長く保存されていたのです．そのため，表面は水酸化ナトリウムの白い固体となりつつも，内部に金属ナト

リウムがまだ生きていたのでした．溶媒の乾燥に金属ナトリウムを入れておいて，長く放置されていたようです．当事者だった人は卒業し，研究室にはもはやいません．せめて瓶に内容物の表記がしてあれば，このような事故は防げたと思います．自分以外の人に情報を残しておくのも，安全を継続させる大切な倫理観という気がします．

**教訓** **記録の明示は自分と他の人をつなぐ**
**教訓** **情報の継承を常に意識する**

この例のように，リチウムやナトリウムなどのアルカリ金属の使用はとくに気をつけなくてはいけませんが，気をつけるべきなのはアルカリ金属以外の他の金属も同じです．何気なく量りとれるマグネシウム片や亜鉛粉末は一見，空気中で安定な感じがしてしまいます．これは試薬レベルで市販されているこれら金属の表面が酸化皮膜でおおわれているためです．反応後に残存する金属の表面は酸化されておらず，活性がきわめて高い状態にあります．誤ってゴミ箱などに捨てようものなら，たちまち火災が起こります．したがって，酸で十分に処理して廃棄する必要があります．

いったん，火が出たときには，たいがいの場合，当事者は気が動転し冷静で適切な行動がとりにくくなります．そのときには，人をよびましょう．第三者が消火にあたるほうが，冷静で沈着な行動が取れます．慌ててしまうと，かけてはいけない水をかけてしまい，火事を大きくすることさえ考えられます．常に，一人で実験することが禁止されるのは，万が一のときの対応が困難になるからなのです．

飛行機の操縦は必ず操縦士と副操縦士がつきます．運航の前日は食事も同じにしないのも，安全の確率を上げるためといわれています．二人とも食あたりで操縦されたら，乗客はたまったものではありません．

**教訓** **一人だけで実験しない**

次に，大学院生がいつもおこなっていて慣れたはずの原料合成実験で，爆発事故に見舞われた事例を紹介します．ドーンという音とともに，彼の実験台の 300 mL の三口フラスコは跡形もなく吹っ飛んだのです．彼は有機リチ

12　第0章　安全を学ぶ意義——実験室は危険と隣り合わせ

ウムを用いた原料合成の実験を，いつもどおり不活性ガスである窒素雰囲気下でおこなっていたのですが，窒素ボンベが空になったので，入れ替える必要に迫られました．お昼どきで，頼む人がいなかったので，はじめて自分でつけ替えたのですが，よく見るとそこには灰色の窒素ボンベではなく，黒色の酸素ボンベが取りつけられていました．その学生は窒素雰囲気下の実験を酸素雰囲気下という新しい条件でおこなおうとしていたことになります．

　これまで彼はボンベ交換をしたことがなく，窒素ボンベと酸素ボンベの区別がついていなかったことの結果でした．有機リチウム化合物に酸素を吹き込めば，瞬く間に危険な過酸化物のリチウム塩が大量に生成します．怪我がなかったのが，本当に奇跡的で幸運でした．彼は何がいけなかったのでしょうか．この事例を安全の観点からさらに考えてみましょう．

(1) この学生はそれぞれの実験台に共通配管されている窒素ガスの供給ラインを使って実験をしてきた．そこで有機リチウム試薬を使ったいつもの原料合成をいつもの手順で実験しようとした．

(2) 窒素ガスは共通の窒素ボンベで供給されているので，研究室で適時交換がおこなわれていた．しかしこの学生は，常に誰かが取り替えてくれることに依存していた．

(3) 今回は反応を仕掛けている最中に窒素ガスの供給が切れたので，窒素ボンベの取り替えができる学生を探したが，たまたま食事どきで見当たらなかった．

(4) 自分で空になった灰色の窒素ボンベを外し，隣に置いてあった黒の酸素ボンベをつけ替えた．

(5) 窒素雰囲気下でおこなうべき実験を酸素雰囲気下でおこない，爆発に至った．

　この学生が大学院生になっても窒素ボンベと酸素ボンベの判別ができなかったというのは論外ですが，一番の問題は彼が(4)の行為をおこなったことだったと思います．誰も頼める人がいないので切羽詰まって取り替えをおこなったのでしょうが，実験を止めて経験のある他の人を待って，その人に依頼すれば，このようなことは起こらなかったはずです．夕方に何か予定が

実験室の先輩から皆さんへ　13

あり実験を急ぐ理由があったのかもしれませんが，それは言い訳にはなりません．本書ではボンベの減圧調整弁の仕組みやつけ替えについて詳しく書いていますが，つけ替え操作の危険性リスクもあり，さらなる危険も生んだ可能性もあります．自分にとって不確かなことを，誰のアドバイスもなしにおこなうことこそが，大きな危険を生みます．研究室は危険がいっぱいです．それを危険と感じない感性は，とても大きな危険リスクでもあります．

**教訓** コミュニケーションを大事にする
**教訓** 不確実と思える行動は思いとどまる

　ボンベの話で思いだすのは，しっかりと固定されていなかった水素ボンベが倒れたときに，ブルドン管が折れて，水素ガスが出た事例です．あの重たいボンベが駆動力を得て動き回るのですから，ただただ逃げるしかなかったようです．幸い火災には至らず，事なきを得たのですが，倒れただけではすまないというボンベ固定の大切さを実感させる事故でした．

　地震のときには軒並みボンベが倒れた話をよく耳にします．その経験から，ボンベは少なくとも2か所で固定する必要があります．燃える可能性のある薬品瓶を実験台の棚に置かないのも基本です．倒れてガラスの薬品瓶が割れ引火することが想定されるからです．

　試薬は割高でも使いきれる小瓶のほうを買うことも励行されています．また小瓶のほうが割れにくいのも事実です．地震で停電になると冷蔵庫に保管していた薬品の分解リスクが発生します．たとえば，ラジカル反応やラジカル重合に用いる重合開始剤には室温付近で分解するものがありますが，停電で冷蔵庫の電源が切れてしまうと，分解反応が起こるため危険な状態になります．薬品用冷蔵庫は停電に対応できる非常用電源を用いましょう．それがない場合は，停電時間にドライアイスの冷却下に移して一時貯蔵するといったことも考えられますが，地震のようなとっさの出来事には対応できるものではありません．

**教訓** いつか必ずくる地震や停電への対策を怠らない

　ところで皆さんは史上最強の苦い化合物をご存知でしょうか．ギネスブッ

ビトレックス

クに載っているその化合物の名称はビトレックス (bitrex) といいますが，私はこの化合物の合成をした経験があります．最終的に 20 mg ほどできた固体粉末を減圧下にろ過したのですが，その操作のなかで私はこの化合物の合成に成功したと直感できました．なぜなら，ほんの少量をろ過しているだけなのに，口のなかが苦くなって仕方がなくなったのですから．浮遊した分子が私の口の粘膜にたどり着いた結果，苦味を感じたに違いありません．

　このことはとても示唆的でした．活性の強い化合物は極微量で作用を起こすということを体験させてくれたのです．ビトレックスは毒性がなく，赤ちゃんが飲んではいけないものや工業用エタノールをお酒に転用できないように変性させる苦味添加剤として使われています．医薬や毒薬など，すでに活性がわかっている化合物は多くありますが，これから人間がつくりだす化合物がどんな活性があるかは，はっきりいって未知の面があります．したがって，あなたがたがこれまでに知られていない化合物をつくったときは，これを体内に取り込んだりしないように，そして周囲を汚染しないように，十分に気をつけなければなりません．

　最近は実験用ゴム手袋をして実験することもよく見かけるようになりました．刺激性や毒性のある試薬を使うときなど，皮膚を保護し，健康を守るために大事なことです．しかし，その手袋をしたまま，ドアのノブに手をかける学生を見ることがあります．そんなとき，この学生は「化合物の他の人への汚染」という感覚をもっていないのだと気がつきます．「化学物質を拡散しない」そして「自分も守るが，他の人も守る」というのも，研究者として必要な倫理観だと思います．

**教訓** 新規な化学物質の活性や毒性は未知
**教訓** 自らと周囲への拡散汚染をともに防ぐ

実験室の先輩から皆さんへ　15

　危険性や毒性の評価は，時代とともに変わっていることにも本書で気づいてください．最初から完全な情報はなかったということです．新しい知識が蓄積されていき，ある場合には人間は間違いを犯しながら，より客観的な評価が定着してきます．

　ベンゼンは私が学生のころに，学生実験に抽出溶媒として使われていました．とても嫌な匂いですが，分液ロートを振りながら，光の屈折がきれいな溶媒という印象をもった，そのときのことをよく覚えています．やがてベンゼンは発がん性作用をもつことが明らかにされ，いまでは第7章で述べるように，代謝経路の異なるトルエンを代替溶媒として用いる方向性が推奨されています．また，ジクロロメタンは極性があり，沸点が低いため使いやすい溶媒ですが，これも有害性のため，いまでは避けられるようになってきました．沸点が低く，水より比重が大きいので水の下に溜まり，土壌に放出されるとそのまま残留し続けるため環境汚染を引き起こします．いまではジクロロメタンは他の化合物とともに河川の水質検査では必ず検査され，基準値を超えると汚染源が特定され，警告が発せられるようになりました．少量でも流しに捨てると，環境汚染につながることに想像力を働かせましょう．ここでも倫理観が大切です．

　最後に，化学物質による環境汚染のことで，卑近な例を一つあげてみましょう．いま，ガソリンスタンドでは化学合成でつくられたオクタン価の高い成分が添加され「無鉛ハイオクガソリン」として売られていますが，1970年代にはテトラアルキル鉛を添加することで，ガソリンの性能を上げることが一般的でした．また，自動車も馬力のでる有鉛ハイオクガソリンを使うことを前提とした自動車が多く製造され世界に出回りました．いわば世の中に「歓迎」されたのです．しかし，こうしたガソリンが使われれば使われるほど，外に放出された鉛による環境汚染が深刻になっていきました．道路などわれわれの生活環境に近いところで蓄積されていったのです．鉛の毒性は以前から明らかでしたので，ただ性能がよいという理由で生産販売を続けた側の「倫理観」の問題としても語られています．

　いまの時代には企業はコンプライアンス遵守がかつてないほど求められていますが，研究者自身にも「強い倫理観」が必要です．安全を意識した研究活

動をすること，そしてその研究活動によって環境を汚さない，自らもそして他の人も健康被害をださないという，強い心構えをもってください．

研究成果はやがては人々がより豊かで快適に暮らせるために使われるものとなります．そのことに日常的に携わる研究者の倫理感は不可欠です．化学物質に対する正しい知識や実験操作に対する正しい操作法を身につけ，安全に実験をおこない，環境汚染に気をくばる想像力をもち，より安全でより快適な社会に貢献するために研究成果をだそうではありませんか．

**教訓** **倫理観のある研究者として自らを磨く**

# 第1章
# 火災や爆発の危険性がある化学物質

　金属類から反応性の有機化合物まで，さまざまな化学物質(化学薬品)を使う化学系の実験で最も起こりやすいのが爆発や火災事故で，周囲の人をも巻き込み人命にかかわることさえある．物質が揮発して空気と可燃性の混合物をつくることができる最低温度が**引火点**であり，この温度で燃焼がはじまるためには点火を必要とする．一方，可燃物を空気中で加熱していくと，ある温度にまで上昇したときに，自然発火する限界温度を**発火点**という．

　物質の引火点と発火点を知っておくことは，安全にその物質を扱ううえでの必須事項といえよう．ひと口に爆発，発火するといっても，危険物が爆発あるいは発火するにはさまざまな条件がある．たとえば，有機化合物のジエチルエーテルやエチルアルコールは引火性の液体であり，周囲にある火気(発火源あるいは着火源)から引火して燃える．また固体のアルミニウムも引火性をもつ．一方，カリウムやナトリウムなどは，水や空気に触れるだけで発火する．さらに，過塩素酸塩は加熱や衝撃，あるいは摩擦によって発火や爆発する．有機化合物のニトログリセリンも，衝撃が加わると爆発的に発火する．

　危険物を使用する実験を安全におこなうためには，それぞれの物質の危険性を知り，事故が発生しないように十分な安全対策を考え，その危険を回避する必要がある．第1章ではそれぞれの物質が発火や引火や爆発を起こす条件，そして，事故を起こさないための安全な取り扱い方を解説していく．また本章では最初に化学物質安全性データシートと「消防法」にもとづく6種類の分類について述べ，次に6種類に分類された化学物質の危険性について順に解説する．

18　　1章　火災や爆発の危険性がある化学物質

　なお「**消防法**」では火災の原因になる物質のうち，常温，常圧で固体もしく
は液体のものを危険物と定めており，気体については「**高圧ガス保安法**」が関
連する法規となる．

## 1.1　化学物質安全性データシートとは

　化学物質を使用する前にその**化学物質安全性データシート**（safety data
sheet；**SDS**）を入手し，安全性を調べよう．はじめて取り扱う化学物質で
は爆発，火災についての危険性や有害性について，あらかじめ情報を確認し
ておくことが望ましい．日本では「毒物及び劇物取締法」，「労働安全衛生法」，
「特定化学物質の環境への排出量の把握等及び管理の改善の促進に関する法
律（PRTR 法）」などで指定されている．**化学物質や製品を流通させるときに
は SDS の提供が義務化**されており，これまでに 20 万件以上のデータが蓄
積されている．インターネットを通じて，SDS あるいは MSDS（material
safety data sheet）として調べることができる．

　たとえば，日本試薬協会による化学物質安全性データシートの検索サイト
では，それぞれの化学物質の製品名を含む，「危険物質等及び会社情報」，「危
険有害性の要約」，「組成及び成分情報」，「応急措置」，「火災時の措置」，「漏
出時の措置」，「取扱い及び保管上の注意」，「暴露防止及び保護措置」，「物理
的及び化学的性質」，「安定性及び反応性」，「有害性情報」，「環境影響情報」，
「廃棄上の注意」，「輸送上の注意」，「適用法令」，「その他の情報」が記載され
ている（http://j-shiyaku.ehost.jp/msds-finder/select.asp を参照）．

　**GHS** とは globally harmonized system of classification and labeling of
chemicals の略であり，化学物質の危険有害性の種類と程度を世界統一ルー
ルで分類し，安全データシートなどを提供するシステムをいう．よって化
学物質がもつさまざまな危険性については「物理化学的危険性」，「健康有害
性」，「環境有害性」の各「分類」とその度合いを表す各「区分」で表示されてい
る．データシートの「危険有害性情報」のところには，GHS の分類にもとづ
いた情報が記されている．また，GHS では危険有害性を表す各**シンボルマー
ク**が決められている（表 1.1）．つづく表 1.2 と表 1.3 には，例として引火性
液体と自然発火性液体について GHS 区分とシンボルマークを示した．

1.1 化学物質安全性データシートとは　　19

**表 1.1** 労働安全衛生法（GHS 対応）にもとづいた爆発，火災の危険性および有毒性を表すシンボルマーク

| GHS 対応マーク | よび名 | 化合物 |
|---|---|---|
| | 炎 | 可燃性・引火性ガス，可燃性・引火性エアゾール，引火性液体，可燃性固体，自己反応性化学品，自然発火性液体・固体，自己発熱性化学品，水反応可燃性化学品，有機過酸化物 |
| | 円上の炎 | 支燃性・酸化性ガス，酸化性液体・固体 |
| | 爆弾の爆発 | 爆発物，自己反応性化学品，有機過酸化物 |
| | 腐食性 | 金属腐食性物質，皮膚腐食性・刺激性，眼に対する重篤な損傷性，眼刺激性 |
| | ガスボンベ | 高圧ガス |
| | どくろ | 急性毒性（区分 1〜区分 3） |
| | 感嘆符 | 急性毒性（区分 4），皮膚刺激性（区分 2），眼に対する重篤な損傷性，眼刺激性（区分 2A），皮膚感作性，特定標識臓器毒性（区分 3），全身毒性，オゾン層への有害性 |
| | 環境 | 水生環境有害性（急性区分 1，長期間区分 1，長期間区分 2） |
| | 健康有害性 | 呼吸器感作性，生殖細胞変異原性，発がん性，生殖毒性（区分 1，区分 2），特定標的臓器毒性（区分 1，区分 2），全身毒性，吸引性呼吸器有害性 |

　試薬を購入すると，その試薬に貼られたラベルにも「爆発，火災の危険性」および「有毒性」についての最低限の情報が示されている（図 1.1）.

　表 1.4 には，危険性と有害性を示すために用いられている各種のシンボルマークをまとめた. 毒物及び劇物取締法に該当していない品目であろう

と，飲み込んだり，吸入したり，皮膚に付着すると有害の危険性があることにも留意する．たとえば，LD$_{50}$（ラット，経口）値が 200〜2000 mg/kg および変異原性（発がん性など）が認められる化学物質などが相当する．なお，LD$_{50}$ の定義は第 3 章 3.1 節を参照されたい．

表1.2 引火性液体の GHS 区分

| 区分 | 引火点(°C) | 沸点(°C) | GHS 対応マーク | 注意喚起語 |
|---|---|---|---|---|
| 区分1 | 23 未満 | 35 以下 | 🔥 | 危険 |
| 区分2 | 23 未満 | 35 を超えるもの | 🔥 | 危険 |
| 区分3 | 23 以上 60 以下 | ―― | 🔥 | 警告 |
| 区分4 | 60 を超え 93 以下 | ―― | 炎のマークなし | |

表1.3 自然発火性液体の GHS 区分

| 区分 | 性質 | GHS 対応マーク | 注意喚起語 |
|---|---|---|---|
| 区分1 | 空気に接触させると 5 分以内に発火する |  | 危険 |
| 区分外 | 上記の危険がないもの | | |

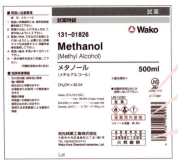

図1.1 労働安全衛生法（GHS 対応）にもとづいたラベル表示の例
富士フイルム和光純薬工業株式会社より許可を得て転載．

## 1.1 化学物質安全性データシートとは

表 1.4 爆発,火災の危険性および健康に対する有害性を表す各種のシンボルマーク

| 日本試薬協会選定基準にもとづくシンボルマーク ||||| 労働安全衛生法（GHS 対応）にもとづくシンボルマーク ||
|---|---|---|---|---|---|
| シンボルマーク | 消防法による該当品目 | シンボルマーク | 毒物および劇物取締法による該当品目 | シンボルマーク | 該当品目 |
|  爆発性 | 火薬類取締法による火薬および爆薬 高圧ガス保安法による高圧ガス |  猛毒性 | 毒物および劇物取締法による毒物など |  | 可燃性／引火性ガス，エアゾール，引火性液体，可燃性固体，自己反応性化学品，自然発火性液体・固体，自己発熱性化学品，水反応可燃性化学品，有機過酸化物 |
|  極引火性 | 危険物第 4 類 特殊引火物 |  毒性 | 毒物および劇物取締法による劇物など |  | 支燃性／酸化性ガス，酸化性液体・固体 |
|  引火性 | 危険物第 4 類 第 1 石油類，アルコール類，第 2 石油類 |  有害性 | 脚注の 1) を参照 |  | 爆発物，自己反応性化学品，有機過酸化物 |
|  可燃性 | 危険物第 2 類 可燃性固体 |  腐食性 | 皮膚または装置などを腐食する |  | 金属腐食性物質，皮膚腐食性，眼に対する重篤な損傷性 |
|  自然発火性 | 危険物第 3 類 自然発火性物質 |  刺激性 | 皮膚，目，呼吸器官などに痛みなどの刺激を与える |  | 高圧ガス |
|  禁水性 | 危険物第 3 類 禁水性物質 | | |  | 急性毒性（区分 1 〜区分 3） |
|  酸化性 | 危険物第 1 類 酸化性固体，危険物第 6 類 酸化性液体 | | |  | 急性毒性（区分 4），皮膚刺激性（区分 2），眼刺激性（区分 2A），皮膚感作性，特定標識臓器毒性（区分 3），オゾン層への有害性 |
|  自己反応性 | 危険物第 5 類 自己反応性物質 | | |  | 水生環境有害性（急性区分 1，長期間区分 1，長期間区分 2） |
| | | | |  | 呼吸器感作性，生殖細胞変異原性，発がん性，生殖毒性（区分 1，区分 2），特定標的臓器毒性（区分 1，区分 2），吸引性呼吸器有害性 |

1) 毒劇法に該当していない品目であるが，飲み込んだり，吸入したり，皮膚に付着すると有害の可能性がある．たとえば，$LD_{50}$（ラット，経口）200 〜 2000 mg/kg および変異原性（発がん性など）が認められる化学物質．

## 1.2 消防法による危険物の分類

「消防法」では，「危険物」を発火あるいは爆発する条件を基準にして第 1 類～第 6 類に分類している（表 1.5）．この分類にもとづいて，使用する化学物質が第何類に属するかがわかれば，使用にあたって注意しなくてはいけない最低限のことがわかる．しかし，あくまでも危険化学物質のそれぞれの性質をよく知らなければ，完全に危険を防ぐことはできない．

危険物第 1 類と第 2 類は固体であり，第 3 類と第 5 類は固体と液体が含まれ，これらの数はそれほど多くはない．第 6 類は液体だが，無機化合物

**表 1.5** 消防法による危険物の分類

| 危険物第 1 類 | 酸化性固体 | 酸素を出して可燃性物質の発火，燃焼を助長する固体 | 例：塩素酸カリウム，過マンガン酸カリウム |
| --- | --- | --- | --- |
| 危険物第 2 類 | 可燃性固体 | 低温で近くの火気から引火して燃える固体 | 例：アルミニウム，マグネシウム，亜鉛，赤リン |
| 危険物第 3 類 | 自然発火性物質および禁水性物質 | 空気や水に触れるだけで反応し発火する固体，液体 | 例：カリウム，ナトリウム，メチルリチウム，ジエチル亜鉛 |
| 危険物第 4 類 | 引火性液体 | 近くの火気から引火して燃える液体<br>以下の 7 種に分類されている．二硫化炭素に加えて数多くの有機化合物が分類される．<br>　　特殊引火物<br>　　第 1 石油類<br>　　アルコール類<br>　　第 2 石油類<br>　　第 3 石油類<br>　　第 4 石油類<br>　　動植物油類 | 例：ジエチルエーテル，エチルアルコール，アセトン，ガソリン，灯油，オリーブ油 |
| 危険物第 5 類 | 自己反応性物質 | 衝撃や熱が加えられると爆発的に発火する固体，液体 | 例：過酸化ベンゾイル，過酢酸，ニトログリセリン，アジ化ナトリウム |
| 危険物第 6 類 | 酸化性液体 | 酸素を出して可燃性物質の発火，燃焼を助長する液体 | 例：硝酸，過塩素酸，過酸化水素 |

が相当する．一方，引火性液体が相当する危険物第4類は数的にきわめて多くの有機化合物が分類されていることから，さらに7種に分類されている．

次に，順を追って説明する．

## 1.3 酸化性固体：危険物第1類

**危険物第1類**には，自らは不燃性だが，分解で酸素を発生させることから，共存している可燃性物質の発火，燃焼を即座に助長する固体物質が分類されている．これらの化学物質は一般に酸化能力が高いため，酸化反応に試薬として用いられることが多い．ただし，その分，不安定であり，扱うには細心の注意を払う必要がある．第1類には高酸化状態のハロゲンを含む酸化物の塩が数多く含まれる．例として，塩化カリウムに関連する含酸素化合物の例を表1.6に示す．塩化カリウムは安定であり，危険物ではないが，その酸化物は，酸化数が増すにつれ，酸化剤としての能力が上がり，危険性も増加する．塩素の酸化数が＋7の過塩素酸塩（$KClO_4$）は，反応時でなくても摩擦や加熱や衝撃などでも爆発を起こすことから，このなかでは最も危険であり，実際，火薬や爆薬に使用されている．

過酸化カリウムや過酸化マグネシウムのような無機過酸化物は基本的に過酸化水素の無機塩とみなされる．過酸化水素は水に溶解させることで，その安全度を上げることができるが，無機塩は加熱や摩擦を避け，取り扱いに十分注意する必要がある．また，水に溶かすと急激な発熱が起こり，生成する過酸化水素の分解により酸素を発生させる．よって，消火に水は使わない．

酸化性固体の分解反応から，危険性を考えてみよう．たとえば硝酸アンモニウムの分解は，次の反応式(1.1)で表される．

表1.6 塩化カリウムに関連する酸素化合物と塩素の酸化数

| 名称 | 塩化カリウム (危険物でない) | 次亜塩素酸カリウム | 亜塩素酸カリウム | 塩素酸カリウム | 過塩素酸カリウム |
|---|---|---|---|---|---|
| 組成式 | $KCl$ | $KClO$ | $KClO_2$ | $KClO_3$ | $KClO_4$ |
| 塩素の酸化数 | −1 | ＋1 | ＋3 | ＋5 | ＋7 |

**24** 1章 火災や爆発の危険性がある化学物質

---

**【代表的物質例】**

**過塩素酸塩**：過塩素酸カリウム $KClO_4$，過塩素酸ナトリウム $NaClO_4$，過塩素酸アンモニウム $NH_4ClO_4$，過塩素酸銀 $AgClO_4$

**塩素酸塩**：塩素酸カリウム $KClO_3$，塩素酸ナトリウム $NaClO_3$，塩素酸銀 $AgClO_3$，塩素酸アンモニウム $NH_4ClO_3$

**亜塩素酸塩**：亜塩素酸カリウム $KClO_2$，亜塩素酸ナトリウム $NaClO_2$

**次亜塩素酸塩**：次亜塩素酸ナトリウム $NaClO$，次亜塩素酸カルシウム $Ca(ClO)_2$

**無機過酸化物**：過酸化カリウム $K_2O_2$，過酸化ナトリウム $Na_2O_2$，過酸化バリウム $BaO_2$，過酸化マグネシウム $MgO_2$

**臭素酸塩**：臭素酸カリウム $KBrO_3$

**過ヨウ素酸**：過ヨウ素酸ナトリウム $NaIO_4$，過ヨウ素酸 $HIO_4$

**ヨウ素酸塩**：ヨウ素酸カリウム $KIO_3$，ヨウ素酸ナトリウム $NaIO_3$，ヨウ素酸カルシウム $Ca(IO_3)_2$

**亜硝酸塩**：亜硝酸カリウム $KNO_2$，亜硝酸ナトリウム $NaNO_2$

**過マンガン酸塩**：過マンガン酸カリウム $KMnO_4$，過マンガン酸ナトリウム $NaMnO_4$，過マンガン酸アンモニウム $NH_4MnO_4$

**重クロム酸塩**：重クロム酸カリウム $K_2Cr_2O_7$，重クロム酸ナトリウム $Na_2Cr_2O_7$，重クロム酸アンモニウム $(NH_4)_2Cr_2O_7$

**硝酸塩**：硝酸カリウム $KNO_3$，硝酸ナトリウム $NaNO_3$，硝酸アンモニウム $NH_4NO_3$

**ペルオキソ二硫酸塩**：ペルオキソ二硫酸アンモニウム $(NH_4)_2S_2O_8$

**ペルオキソホウ酸塩**：ペルオキソホウ酸アンモニウム $NH_4BO_3$

**その他の第1類化合物**：三酸化クロム(無水クロム酸) $CrO_3$，二酸化鉛 $PbO_2$，三塩化イソシアヌル酸 $C_3N_3O_3Cl_3$

---

$$2NH_4NO_3 \longrightarrow 2N_2 + O_2 + 4H_2O + 57.1\,\text{kcal} \tag{1.1}$$

　この分解反応が危険な理由は，外部からのわずかなエネルギー（衝撃，摩擦，加熱）で分解し，その分解時に大量の $O_2$ ガス，$N_2$ ガスと水蒸気が発生して急激な体積膨張が起こり，周囲に破壊作用（爆発）を及ぼすことによる．分解時に発生する熱エネルギーも大きく，発生する

1.3 酸化性固体：危険物第1類

**表 1.7** 危険物第1類と危険とされる熱分解の温度

危険物第1類の代表的物質と酸素ガスの発生を伴う，危険な分解が起こるおおよその温度(℃)

塩素酸カリウム（400），塩素酸アンモニウム（100），亜塩素酸カリウム（160），硝酸アンモニウム（210），臭素酸カリウム（370），硝酸カリウム（400），過マンガン酸カリウム（200～240），重クロム酸ナトリウム（400）

$O_2$ ガスに可燃性物質が混ざると，可燃物は容易に発火する．表 1.7 には危険とされる熱分解温度を示した．

　**危険物の指定数量**は，危険物の危険性を勘案し定められた数量で，危険性が高い物質の指定数量が小さく，危険性が低いものは大きくなっている（1.10 節および巻末の付表 2 を参照）．**危険等級**には I，II，III があり，III ＜ II ＜ I の順に危険性が高くなる．危険等級によって，容器の種類（内装，外装容器）や容量が定められている．指定数量と危険等級の詳細についても，1.10 節および巻末の表を参照のこと．

　危険物第1類は，その危険性によって，さらに第1種～第3種酸化性固体に分類され，第1種には，塩素酸塩，過塩素酸塩，無機過酸化物が該当し，指定数量は 50 kg である．第2種は 300 kg，第3種は 1000 kg である．第1種，第2種，第3種酸化性固体は，それぞれ危険等級 I，II，III に該当する．

**危険事例**
注意

(1) 塩素酸カリウムをすり合わせのふたのついたガラス容器で保管していたが，ガラス栓のすり合わせの部分に付着していたため摩擦で分解爆発した（写真 1.1）．
(2) 過塩素酸銀を金属スパチュラで計量する際に爆発が起こり，指を負傷した．

**写真 1.1**　すり合わせガラス瓶
栓と本体の口の部分を，研磨剤をつかってすり合わせて密着するように加工したガラス瓶．

## 1.4 可燃性固体：危険物第 2 類

**危険物第 2 類**には着火や引火により激しく燃える固体物質が分類される. 粉末状金属は削り出しの際には表面が酸化されておらず, 空気中の酸素と反応し燃えることから, その取り扱いには十分注意する必要がある. 赤リンは摩擦で発火するため, マッチの原料として使われている. 赤リンの発火点と硫黄の発火点はそれぞれ 260 ℃, 232 ℃だが, 三硫化リン $P_4S_3$ や五硫化リン $P_2S_5$ では 100 ℃と低い. さらに発火点が 50 ℃と低い黄リンは次の 1.5 節で扱う自然発火性物質(危険物第 3 類)に分類されている.

### ◆ コラム ◆

#### 危険物取扱者国家試験について

所定単位を修得すると大学在学時から受験資格が得られるものに, 消防法第十三条によって定められた『危険物取扱者』がある. 『危険物取扱者』の試験は毎年, 数回実施される. 大学の事務もしくは直接最寄りの消防署に問い合わせるか, 一般社団法人消防試験研究センターのホームページを見れば試験の日時がわかる. 『乙種危険物取扱者』の資格では扱える危険物の種類がかぎられることから, すべての危険物が扱える『甲種危険物取扱者』の資格をとるのが望ましい.

消防法第十三条　　政令で定める製造所, 貯蔵所又は取扱所の管理者又は占有者は, 甲種危険物取扱者（甲種危険物取扱者免状の交付を受けている者をいう.）又は乙種危険物取扱者(乙種危険物取扱者免状の交付を受けている者をいう.)で, 六月以上危険物取扱いの実務経験を有するもののうちから危険物保安監督者を定め, 総務省令で定めるところにより, その者が取り扱うことができる危険物の取扱作業に関して保安の監督をさせなければならない. すなわち, この国家試験資格をもっていると, 自分で危険物を扱う資格をもつこととなり, 事業者は国家試験資格をもつものから保安監督者を定めて危険物の取り扱いの保安, 監督をさせることとなる. 免状には甲種と乙種の 2 種類があり, 受験資格は次の通り.

**甲種取扱者免状**：危険物第 1 類〜危険物第 6 類のすべてを取り扱うことができる. 受験資格：大学, 短期大学, 高専において化学に関する科目を 15 単位以上修得の者. もしくは, 乙種危険物取扱者免状の交付を受けたあと, 2 年以上危険物取り扱いの実務経験を有する者.

1.4　可燃性固体：危険物第 2 類　　27

　**引火性固体**とは，1 気圧において引火点が 40 ℃未満のもので，常温(20 ℃)で可燃性蒸気を発生し，引火の危険があるものをいい，引火性固体共通の事項として，指定数量が 1000 kg で危険等級が Ⅲ であること，火災予防にあたっては，「みだりに蒸気を発生させないこと」，消火にあたっては「泡, 粉末, 二酸化炭素, ハロゲン化物により窒息消火すること」があげられる．例として，ゴムのり，固形アルコール，ラッカーパテがある．

　ゴムのりはなぜ危険なのだろうか．引火点が 10 ℃以下と低く，常温以下で引火性蒸気を発生するためである．またその蒸気は，頭痛や貧血，めまい

---

**乙種取扱者免状**：免状を取得した類（たとえば，第 4 類のすべて）を取り扱うことができる．

**受験資格**：制限はない．

〔なお，同じく受験資格の制限はないものとして，第 4 類のうち特定の危険物(ガソリンや灯油など)のみを取り扱うことができる丙種取扱者免状もある．〕

**試験科目**

1) 物理学および化学
    甲種：大学，専門学校等で学習する程度の物理学および化学
    乙種：基礎的な物理学および化学
    丙種：燃焼および消火の基礎知識
2) 危険物の性質ならびに火災予防および消火法
3) 危険物に関する法令

自分で危険物を扱ってもよい．

事業者は保安監督者を定めて危険物の取り扱いも保安，監督をさせなくてはならない．

などを起こす．これらのことから，保管には容器は密栓するとともに，衝撃や直射日光を避け，火気を近づけないことや，通気および換気のよい場所で取り扱うようにする．

危険物第 2 類のなかで，硫化リンや赤リン，硫黄などは危険性が高く，指定数量は 100 kg である．

---

**【代表的物質例】**
**粉末状金属**：Fe，Zn，Al，Mg
**硫化リン**：$P_4S_3$，$P_2S_5$，$P_4S_7$
**赤リン／硫黄／固形アルコール／ゴムのり**

---

◆ コラム ◆

### 燃える亜鉛と燃えない亜鉛

試薬の亜鉛は空気中では発火しないが，反応に使った亜鉛が空気中で燃えるのはなぜだろう．

次に示したように，表面がきれいな亜鉛は酸化していない状態のため，発火の危険性があるからである．

❶ 反応前　　❷ 反応後　　❸ 空気との接触で発火

① 金属亜鉛の表面が酸化された酸化亜鉛でおおわれ，保護されている
② 反応に使われる過程で酸化されていないきれいな亜鉛表面が現れる
③ 金属亜鉛の表面が空気中の酸素で酸化され，燃える

## 1.4 可燃性固体：危険物第 2 類　　29

**表 1.8**　危険物第 2 類を加熱していくときに燃えはじめる温度

危険物第 2 類の代表的物質と燃えはじめる温度（℃）

Mg (520)，Zn (600)，Al (640)，赤リン (260)，三硫化リン（$P_4S_3$）(100)，五硫化リン（$P_2S_5$）(100)，七硫化リン（$P_4S_7$）(290)，硫黄 (232)

表 1.8 には加熱時に燃えはじめる温度を示したが，これらの温度はおよその目安の値であり，**微粉末**ではこの温度よりも低い温度で発火する恐れがある．表面の活性な金属は空気中の酸素によって酸化される．酸化反応は発熱によって加速度的に激しくなり反応熱が蓄積される状態になると，金属は発火することがある．空気中の酸素による酸化反応で発火する現象は，金属類にかぎらず酸化されやすい可燃物（たとえば油脂類）でも起こる危険性がある．

◆ **コラム** ◆

### 粉塵爆発と水蒸気爆発

　**粉塵爆発**はプラスチックや石炭，砂糖，小麦粉など危険物でない可燃性固体の微粉末でも発生する．第 2 類以外の可燃性固体物質が発火するおよその温度は，エポキシ樹脂 530 ℃，ポリスチレン 282 ℃，コークス 440 ～ 600 ℃，木炭 250 ～ 300 ℃である．また，亜鉛の例でも述べたが，反応に用いたあとの残余金属は表面が酸化されておらず，きわめて反応性が高い．したがって，空気中の酸素と反応し発火することから，とくに取り扱いに気をつけなければならない．

　また，燃えている金属に水をかけて消火しようするのは，きわめて危険な行為といえる．水素が発生し，小規模でも**水素爆発**を誘発する．もしも金属火災が起こったら，水をかけるのではなく，**砂をかけて窒息消火**する．なお，水蒸気爆発は水素爆発と混同されやすいが，水が高温の物体に触れると急激に水蒸気になる．そのときの体積増加（熱による膨張を加味するとおよそ 1700 ～ 1800 倍になる）で起こる爆発現象が，**水蒸気爆発**である．高温の水蒸気に触れた火傷と爆風とで，大きな人身事故につながる恐れがある．

**危険事例**

(1) アルミニウム製部品を研磨している最中に，浮遊したアルミニウムの微粉末(粉塵)に周囲の火元から引火して粉塵爆発が起こった．
(2) マグネシウム粉末の火災に水をかけたら発生した水素ガスの燃焼が加わり，火勢がより強まった．
(3) シクロプロパン化反応に用いた亜鉛の残りをゴミ箱に捨てたら，自然発火した．
(4) Grignard反応で残ったマグネシウムを実験台上に放置しておいたら，自然発火した．

## 1.5 自然発火性物質および禁水性物質：危険物第3類

**危険物第3類**には，常温でも空気(酸素)に触れるだけで発火する危険性の高い液体または固体(**自然発火性物質**)が分類されている．また，常温でも水に触れると発火する「**禁水性物質**」も危険物第3類に属するが，この両方の危険性をもつ物質も少なくない．実験室で化学物質の発火が原因になる(発火源になる)火災の多くは危険物第3類の使用および保存の不手際によるものであり，その取り扱いは細心の注意でおこなう必要がある．

猛毒の黄リンは，危険物第2類に分類されている赤リンに比べ，はるかに低い温度(約50℃)で自然発火する．一方，水とは反応しないため水中で保存するが，危険物第3類の物質で水にさらすことはきわめて例外的であり，他の化学物質をうかつに水にさらしてはいけない．水との反応で水素や可燃性ガスをだすことから，その取り扱いには禁水性条件を徹底する必要がある．

各種のブチルリチウムのなかでは，とくに $tert$-C$_4$H$_9$Li ($tert$-ブチルリチウム)と $sec$-C$_4$H$_9$Li ($sec$-ブチルリチウム)は空気中の酸素に触れるとすぐに燃える．また，アルキルアルミニウムやアルキル亜鉛も空気中で即座に燃える．これらの有機金属化合物を扱うときには，必ずアルゴンや窒素などの不活性ガス雰囲気下でおこなわなければならない．

自然発火性物質には分類されていない禁水性化学物質でも，水や大気中の湿気と反応して可燃性ガスを発生させ，発火する危険性がある(表1.9)．ま

1.5 自然発火性物質および禁水性物質：危険物第3類　　31

---

**【代表的物質例】**

**(1) 自然発火性と禁水性両方の危険性をもっている物質**

　　**金属**：Na，K，Cs

　　**アルキルアルミニウム**：$(CH_3)_3Al$，$(C_2H_5)_3Al$，$(C_3H_7)_3Al$

　　**アルキルリチウム**：メチルリチウム $CH_3Li$，$n$-ブチルリチウム $n$-$C_4H_9Li$，$sec$-ブチルリチウム $sec$-$C_4H_9Li$，$tert$-ブチルリチウム $tert$-$C_4H_9Li$

　　**アルキル亜鉛**：$(CH_3)_2Zn$，$(C_2H_5)_2Zn$

**(2) 自然発火性物質**

　　**黄リン**（例外的に水中で保存）

**(3) 禁水性化学物質**

　　**金属**：Li，Ca，Ba

　　　ただし微粒子となった金属は表面積が大きく活性となり，空気に触れるだけで発火する危険がある．

　　**金属水素化物**：水素化リチウム $LiH$，水素化ナトリウム $NaH$，水素化ホウ素ナトリウム $NaBH_4$，水素化アルミニウムリチウム $LiAlH_4$

　　**金属リン化物**：リン化カルシウム $Ca_3P_2$

　　**カルシウムまたはアルミニウムの炭化物**：炭化カルシウム $CaC_2$，炭化アルミニウム $Al_4C_3$

**(4) その他の第3類**

　　**塩素化ケイ素化合物**：$HSiCl_3$

---

**表1.9** 危険物第3類の禁水性化学物質と水とが反応したときに発生する可燃性ガス

| 危険物第3類の禁水性化学物質 | 水と反応したときに発生する可燃性ガス |
| --- | --- |
| Li, Na, K, Ca, Ba, LiH, NaH, $NaBH_4$, $LiAlH_4$ | $H_2$ |
| $CH_3Li$, $(CH_3)_3Al$, $(CH_3)_2Zn$ | $CH_4$ |
| $(C_2H_5)_3Al$, $(C_2H_5)_2Zn$ | $C_2H_6$ |
| $Ca_3P_2$ | $PH_3$（ホスフィン，猛毒性） |
| $CaC_2$ | $C_2H_2$（アセチレン） |

**32**　　1章　火災や爆発の危険性がある化学物質

**表1.10**　危険物第3類の発火性化学物質と発火点

| 危険物第3類の発火性化学物質 | 発火点(℃) |
| --- | --- |
| 黄リン | $30 \sim 50$ |
| $(CH_3)_3Al$ | 室温以下 |
| $Ca_3P_2$ | $100 \sim 150$ |

た，加熱で自然発火する物質も注意が必要となる（表1.10）．カリウム，ナトリウム，アルキルアルミニウム，アルキルリチウムなどは，指定数量10kgと危険物のなかでは一番指定数量が小さく，危険性が非常に高い物質といえよう．

● **カリウムとナトリウムの危険性**

カリウムとナトリウムは空気や水に触れるだけで発火する危険な物質なのは，危険物第3類への分類上，理解できるだろう．しかし，その危険性にはかなりの違いがある．たとえば，ナトリウムは空気に触れても発火するまでに数分間の余裕があるが，カリウムは数秒で発火する．実験で使う場合には，この差は安全上大きな違いとなる．事故を防ぐには分類だけでは十分ではなく，この例のようにそれぞれの物質の危険性についてより詳しく知っておかなくてはいけない．とくに危険性が大きな物質であればあるほど，詳細な危険性を知っておかねばならない．

● **$NaBH_4$と$LiAlH_4$の危険性**

$NaBH_4$（水素化ホウ素ナトリウム）と$LiAlH_4$（水素化アルミニウムリチウム），この二つの試薬は水に対する反応性が大きく異なるので，扱い方に差異が出ることを押さえておきたい．より危険なのは$LiAlH_4$のほうで，水と激しく発熱的に反応し，水素ガスが発生し，水素爆発の危険性がある．したがって，これを安全に処理するには，酢酸エチル，エタノールでまず処理し，水素が出ないことを確認したのち，水で処理するという順を追っておこなう．$NaBH_4$の反応性は$LiAlH_4$より緩慢である．$NaBH_4$の処理に慣れた研究者が，往々にして$LiAlH_4$を用いたときに発火させることが多い．

## 1.5 自然発火性物質および禁水性物質：危険物第 3 類

### ● n-C₄H₉Li と tert-C₄H₉Li の危険性

　n-C₄H₉Li（n-ブチルリチウム）や tert-C₄H₉Li などの試薬は，通常ヘキサンやペンタンなどの炭化水素溶液で供給されている．ともに水に対する反応性が高く，禁水条件を必要とする．一方，これら有機リチウム化合物は酸素と激しく反応する．とくに，tert-C₄H₉Li の場合は空気に触れると即座に発火することから，反応は完全に不活性ガスの雰囲気でおこなう必要がある．また，いずれの場合も，採取に用いるシリンジは針のロック機能をもつガスタイトシリンジを用いる．万が一外れると，外れたところから発火が起こり，火災や事故につながる．

　危険物第 3 類の保存にはとくに細心の注意を払わなくてはいけない．不都合があると，常に出火の原因になる．**ナトリウム**（Na），**カリウム**（K）などの金属類は，灯油などの保護液に沈めて空気や湿気に触れないようにして保存する（図 1.2）．ガラス瓶は破損を防ぐために金属製の外套缶に入れて，瓶と缶の隙間には不燃性のクッション材を詰めておく．またフタのすき間はビ

**危険事例**

(1) 実験で使い残したナトリウムを保管するために灯油が入っている瓶に入れたとき，瓶の底にわずかな水が混入していたため，ナトリウムが発火した．
(2) 白色の固体が入った瓶が長く置かれていた．大掃除で処分するために流しで水を入れたところ，突然，瓶が爆発し，顔面に傷を負った．これは，溶媒を乾燥するためナトリウムを入れてあった瓶で，表面が水酸化ナトリウムの白色固体となっていたが，内部はナトリウムが生きており，水を入れたところ急激に爆発してガラス瓶が割れたためだった．
(3) 実験に使うカリウムを秤量するために薬包紙の上に取り出したとき，カリウムが発火した．
(4) ヘキサンで希釈してあるトリエチルアルミニウムの瓶にひびが入り，しみ出したトリエチルアルミニウムが発火した．
(5) 注射器を使って tert-ブチルリチウムのペンタン溶液を反応容器に移し替えているとき，注射器から漏れた溶液が発火し，実験着に火が燃え移った．
(6) n-ブチルリチウムのヘキサン溶液を用いた実験で，ガラス反応容器が破裂した．原因は，窒素と間違えて酸素置換をしたためだった．

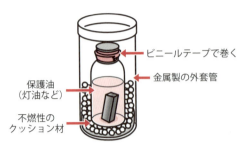

**図 1.2 危険物第 3 類の保存方法**
湿気の侵入を防ぐため，ビニールテープできつく巻いておくとよい．

ニールテープでふさぎ，湿気や酸素の侵入を防ぐとよい．

アルキル金属類などの液体は大学の実験で使う程度の少量であれば，不活性な有機溶剤で希釈して瓶に入れ，ナトリウムなどと同じように容器を二重にして破損を防ぐ．**黄リン**の場合は，まれなことに**保護液は水**であり，空気に触れないようにして保存する．また，金属製の外套缶を使用し，ここでも万が一，瓶が割れた場合を想定し，不燃性のクッション材を使用する．また保護液を用いるものは，保護液が減って金属類が液面上に露出すると発火するため，保護液の量には常に注意を払わなくてはいけない．

## 1.6　引火性液体：危険物第 4 類

周囲の火気（発火源，着火源）から引火して燃える液体は**危険物第 4 類**に分類されているが，よく使われる有機溶媒のほとんどが第 4 類に含まれることから第 4 類の対象はきわめて多い（表 1.11，表 1.12）．引火性液体が近くの火気から引火する危険性は，液体が何かによって大きな差がある．常温(20℃)で引火性液体を使う場合，ガソリン（引火点 −40℃）は近くで小さな電気火花が発生するだけで即座に引火して燃えるが，灯油（引火点 40℃）はこの程度では引火しない．灯油にスムーズに火を着けるには，あらかじめ 40℃

**表 1.11**　危険物第 4 類の代表的物質と空気を 1 とするときの引火性液体の蒸気の比重

| |
|---|
| アセトン (2.0)，ジエチルエーテル (2.6)，トルエン (3.1)，ヘキサン (3.0)，メタノール (1.1)，エタノール(1.6) |

以上に温めておく必要があるとされる．一方，調理で使う大豆油は 280 ℃以上になると引火する．

したがって，ガソリン，灯油，大豆油を比べるとそれぞれの引火点には差があり，常温でも簡単に引火するガソリンが最も危険といえる．すなわち**引火性液体**の危険性（周囲の火気から引火して燃える性質）はその液体の引火点の高低によって決まる．ここでいう引火点とは，物質が揮発して空気と可燃性の混合物をつくることができる最低温度であり，この温度以上になると点火とともに燃焼が起こる．引火点が低い液体ほど引火の危険性は大きく，気温の高い夏と低い冬とではおのずと危険性に差が生じる．

**消防法**では危険物第 4 類における引火性液体を引火性の強さ（引火点の高低）を基準にして，7 種類に分類している（表 1.12）．また表 1.13 には，それぞれの危険等級をまとめた．**危険等級は I, II, III の順で数字の小さいものほど危険度が高くなる**．

表 1.11 に示したように，危険物第 4 類に属する多くの液体の蒸気は，その分子量が空気の平均分子量の 29 より大きいことから，より重い．したがって蒸気は低い場所に溜まりやすく，遠い所まで拡散していく恐れがあり，低い位置での換気にも注意しなくてはいけない．液体を使ってしまって一見何も残っていないように見える瓶や缶にも燃焼範囲にある濃度の気体が残っており，これに引火することもある．容器を捨てるときには洗浄するなどして，必ず残留気体が残っていないことを確認しなくてはいけない．

### 1.6.1　特殊引火物，第 1 石油類，アルコール類

#### ● 特殊引火物

1 気圧で引火点が −20 ℃以下で沸点が 40 ℃以下のものが，**特殊引火物（危険等級 I）**に分類される．特殊引火物は引火点が低く，沸点が 1 気圧で 40 ℃以下なので，常温でも蒸気の発生量が多く，遠く離れた場所にある火気からでも引火し，最も危険である．ジエチルエーテルの引火点は −45 ℃であり，引火性液体のなかでとくに引火の危険が大きい（指定数量 50 L）．ジエチルエーテルは極性溶媒で多くの有機化合物を溶解させるため，抽出溶媒としてよく使われているが，その沸点はわずか 35 ℃であり，真夏では沸騰する温

1章 火災や爆発の危険性がある化学物質

**表1.12** 危険物第4類の代表的物質の物性表

| 物質名 | 引火点(℃)(1気圧) | 発火点(℃)(1気圧) | 沸点(℃)(1気圧) | 燃焼範囲(爆発範囲)蒸気/空気体積比(vol%) | 水溶性(比重 水:1) |
|---|---|---|---|---|---|
| **特殊引火物** | | | | | |
| 二硫化炭素 | −30 | 90 | 46 | 1.3〜50 | 不 (1.3) |
| アセトアルデヒド | −27 | 185 | 21 | 4.0〜60 | 可 (0.8) |
| ジエチルエーテル | −45 | 160 | 35 | 1.9〜36 | 不 (0.7) |
| ペンタン | −49 | 260 | 35 | 1.4〜8.0 | 不 (0.6) |
| **第1石油類** | | | | | |
| アセトン | −18 | 538 | 56 | 2.15〜13 | 可 (0.8) |
| ヘキサン | −38 | 225 | 69 | 1.1〜7.5 | 不 (0.7) |
| ベンゼン | −11 | 500 | 80 | 1.2〜8.0 | 不 (0.9) |
| ガソリン | −40以下 | 300 | 30〜220 | 1.4〜7.6 | 不 (0.6〜0.7) |
| 酢酸エチル | −4 | 426 | 77 | 2.0〜11.5 | 難 (0.9) |
| トルエン | 5 | 480 | 111 | 1.2〜7.1 | 不 (0.9) |
| アセトニトリル | 9.5 | 524 | 82 | 4.4〜16.0 | 可 (0.8) |
| ピリジン | 20 | 482 | 116 | 1.8〜12.4 | 可 (1.0) |
| **アルコール類** | | | | | |
| メタノール | 11 | 464 | 64 | 6.0〜36.5 | 可 (0.8) |
| エタノール | 13 | 371 | 78 | 3.3〜19 | 可 (0.8) |
| 1-プロパノール | 15 | 371 | 97 | 2.2〜13.7 | 可 (0.8) |
| 2-プロパノール | 12 | 460 | 82 | 2.0〜12.7 | 可 (0.8) |
| **第2石油類** | | | | | |
| 軽油 | 45以上 | 220 | 150〜320 | 1.0〜6.0 | 不 (0.8) |
| p-キシレン | 27 | 525 | 138 | 1.1〜9.0 | 不 (0.9) |
| 1-ブタノール | 37 | 365 | 117 | 1.4〜11.2 | 可 (0.8) |
| 酢酸 | 43 | 427 | 118 | 4.0〜17.0 | 可 (1.1) |
| **第3石油類** | | | | | |
| アニリン | 70 | 615 | 184 | 1.2〜11 | 難 (1.0) |
| ニトロベンゼン | 88 | 480 | 210 | 1.8〜40 | 不 (1.2) |
| エチレングリコール | 116 | 402 | 198 | 3.2〜15.3 | 可 (1.1) |
| グリセリン | 177 | 400 | 290 | − | 可 (1.3) |
| 重油 | 60〜150 | 250〜380 | 300以上 | − | 不 (0.9〜1.0) |
| **第4石油類** | | | | | |
| タービン油 | 200〜270 | − | − | − | 不 (−) |
| **動植物油類** | | | | | |
| イワシ油 | 220 | 420 | − | − | 不 (0.9) |
| オリーブ油 | 225 | 343 | − | − | 不 (0.9) |
| 大豆油 | 282 | 445 | − | − | 不 (0.9) |
| 綿実油 | 252 | 343 | − | − | 不 (0.9) |

1.6 引火性液体：危険物第4類　　37

表1.13　危険物第4類の指定数量と危険等級

| 危険物第4類 | 指定数量(L) | 危険等級 |
|---|---|---|
| 特殊引火物 | 50 | I |
| 第1石油類(非水溶性／水溶性) | 200／400 | II |
| アルコール類 | 400 | II |
| 第2石油類(非水溶性／水溶性) | 1000／2000 | III |
| 第3石油類(非水溶性／水溶性) | 2000／4000 | III |
| 第4石油類 | 6000 | III |
| 動植物油類 | 10000 | III |

度である．揮発性が高く広がるため，火種があるところでは決して使用してはいけない．また密栓をするとガラス容器が破裂する可能性もある．

　1気圧で発火点が100℃以下のものも，特殊引火物に分類される．二硫化炭素の発火点は90℃と特殊引火物では最も低く，たいへん危険な化合物といえる．

---

【代表的物質例】

ジエチルエーテル $CH_3CH_2OCH_2CH_3$，二硫化炭素 $CS_2$，酸化プロピレン $H_3C-\overset{O}{\underset{H}{C}}-CH_2$，アセトアルデヒド $CH_3CHO$ など

---

● 第1石油類

　一方，1気圧で引火点が21℃未満のものは**第1石油類（危険等級II）**に分類される．引火点が基本的には常温以下と考えられるので，常温で扱う場合は近くの火気から即座に引火する可能性がある．危険等級はIIだが，特殊引火物に次いで引火の危険が大きい物質であり，十分に気をつけなければいけない．とくにガソリンは沸点が30℃から220℃を超えるものまで各種炭化水素の混合物だが，当然のことながら，低沸点成分は引火点も低く，火気は厳禁である．

38　1章　火災や爆発の危険性がある化学物質

【代表的物質例】

ガソリン，アセトン $CH_3COCH_3$，ヘキサン $C_6H_{14}$，ベンゼン $C_6H_6$，トルエン $C_6H_5CH_3$，酢酸エチル $CH_3CO_2CH_2CH_3$ など

● アルコール類

　アルコール類（**危険等級 II**）には炭素原子の数が 3 以下の 1 価（OH 基が 1個）のアルコールが分類される．その引火点は，第 1 石油類とほぼ同じであり，常温でも引火の危険が大きいことから十分に注意する必要がある．

　第 1 石油類は，その物質の水溶性によって指定数量が異なる．つまり，非水溶性の物質を火災時に水で消火する場合，非水溶性の物質が水に浮かび広がり，燃焼面積が拡大する危険性があるため，指定数量が 200 L と小さくなっている．水溶性の物質の指定数量は 400 L である．

【代表的物質例】

メタノール $CH_3OH$，エタノール $CH_3CH_2OH$，
1-プロパノール $CH_3CH_2CH_2OH$，2-プロパノール $CH_3CH(OH)CH_3$ など

### 1.6.2　第 2 石油類，第 3 石油類，第 4 石油類
● 第 2 石油類

　1 気圧で引火点が 21℃以上 70℃未満のものは，**第 2 石油類**に分類される．したがって，引火点が常温付近の物質も含まれている．引火点が常温よりは高い物質でもわずかな加熱で液温が引火点を超えることから，使用するときには周囲に火気がないことを十分に確かめる．

【代表的物質例】

灯油，軽油，$p$-キシレン $p$-$C_6H_4(CH_3)_2$，
1-ブタノール $CH_3CH_2CH_2CH_2OH$，酢酸 $CH_3CO_2H$ など

### ● 第3石油類

1気圧で引火点が70 °C以上200 °C未満であり，1気圧20 °Cで液体のものは**第3石油類**に分類される．第3石油類は，引火の危険は比較的小さい．

【代表的物質例】

重油，エチレングリコール $HOCH_2CH_2OH$，グリセリン $HOCH_2CH(OH)CH_2OH$，アニリン $C_6H_5NH_2$，ニトロベンゼン $C_6H_5NO_2$ など

### ● 第4石油類

1気圧で引火点が200 °C以上の，1気圧20 °Cで液体のものは**第4石油類**に分類される．第4石油類の物質は引火点が高いので，その蒸気に引火する危険は小さい．一方，沸点が高いので加熱により蒸気になる前に熱による分解反応が起こって低分子量の分解ガスが発生することがある．分解ガスが発生すると，本体の引火点よりも低い温度で引火する恐れがあるため，十分に注意する必要がある．

【代表的物質例】

各種の潤滑油（タービン油，シリンダー油，モーター油），セバシン酸ジオクチル $C_8H_{17}OOC(CH_2)_8COOC_8H_{17}$ など

### 1.6.3 動植物油類

油脂は長鎖脂肪酸（表1.14）とグリセリンとのエステル（**トリグリセリド**）からなる．動植物から抽出される油脂（動植物油）で，1気圧で引火点が250 °C未満であり，20 °Cで液体のものは**動植物油類**に分類される．たとえば大豆油では引火点は282 °C，発煙点（分解ガスが発生しはじめる温度）は236～249 °Cである．発煙点を超えると**発生した分解ガスが引火する危険**が出てくる．一般に，第4石油類や動植物油類を加熱状態で使用するときに煙や異臭が発生する場合には，分解ガスが発生している恐れがあることから，その引火に十分注意しなくてはいけない．特殊引火物，第1石油類，アルコー

**表 1.14** 長鎖脂肪酸(高級脂肪酸)の例(二重結合はいずれもシス体)

炭素数 18 ステアリン酸
$CH_3CH_2CH_2CH_2CH_2CH_2CH_2CH_2CH_2CH_2CH_2CH_2CH_2CH_2CH_2CH_2CH_2CO_2H$

炭素数 18 リノレン酸
$CH_3CH_2CH=CHCH_2CH=CHCH_2CH=CHCH_2CH_2CH_2CH_2CH_2CH_2CH_2CO_2H$

炭素数 18 オレイン酸
$CH_3CH_2CH_2CH_2CH_2CH_2CH_2CH_2CH=CHCH_2CH_2CH_2CH_2CH_2CH_2CH_2CO_2H$

炭素数 18 リノール酸
$CH_3CH_2CH_2CH_2CH_2CH=CHCH_2CH=CHCH_2CH_2CH_2CH_2CH_2CH_2CH_2CO_2H$

炭素数 20 エイコサペンタエン酸(EPA)
$CH_3CH_2CH=CHCH_2CH=CHCH_2CH=CHCH_2CH=CHCH_2CH=CHCH_2CH_2CH_2CO_2H$

炭素数 22 ドコサヘキサエン酸(DHA)
$CH_3CH_2CH=CHCH_2CH=CHCH_2CH=CHCH_2CH=CHCH_2CH=CHCH_2CH=CHCH_2CH_2CO_2H$

ル類，第 2 石油類など危険性が大きな引火性液体には日本試薬協会選定基準のシンボルマークもしくは GHS 対応のシンボルマークがその危険性を喚起させるためについているが(表 1.2 参照)，第 3 石油類，第 4 石油類，動植物油類にはこれらのシンボルマークはついていない．

---

【代表的物質例】
オリーブ油，ナタネ油，ヒマワリ油，綿実油，ゴマ油，ヤシ油，イワシ油など

---

　天然の油脂は，単一のトリグリセリドを主成分とするのではなく，数種類のトリグリセリドの混合物である．一般に，脂肪酸残基の二重結合の数が多いグリセリドを含む割合が高い油脂は自然発火の危険性が高いのに対して，不飽和度が低いオレイン酸を脂肪酸残基とするトリグリセリドは自然発火の危険性が低い（表 1.15）．たとえばオレイン酸を脂肪酸残基とするトリグリセリドの含有率が高いオリーブ油には，自然発火の危険性はほとんどない．

**表 1.15** 油脂の不飽和度(ヨウ素価の値)の大小にもとづく分類

| | |
|---|---|
| 不乾性油(100 以下) | オリーブ油，落花生油，ヤシ油，ヒマシ油，パーム油など |
| 半乾性油(100 ～ 130) | 大豆油，ゴマ油，綿実油，ナタネ油，トウモロコシ油など |
| 乾性油(130 以上) | アマニ油，ヒマワリ油，エノ油，キリ油，イワシ油など |

1.6　引火性液体：危険物第 4 類　　41

一方，二重結合を二つもっているリノール酸を脂肪酸残基とするグリセリドを多く含む大豆油には自然発火の危険性がある（図 1.3）．

　二重結合を三つもっているリノレン酸を脂肪酸残基とするグリセリドの含有割合が高いアマニ油は自然発火の危険性がさらに高い．エイコサペンタエン酸（eicosapentaenoic acid；EPA）やドコサヘキサエン酸（docosahexaenoic acid；DHA）はイワシ油などの魚油のトリグリセリドの脂肪酸残基として多く含まれているので，魚油も自然発火の危険性が大きい．トリグリセリド間での重合が進むと，分子どうしが三次元的な網目状につながった高分子に

◆ コラム ◆

## 引火点が比較的高い動植物油類の自然発火はなぜ起こるか

　動植物油類にはほかの引火性液体にはない，空気中の酸素によって起こる自然発火の危険がある．天ぷらの揚げかすを放置しておいたら，数時間後に自然発火する事例が知られている．一般に，危険物第 4 類は発火点以上に加熱しないかぎり空気に触れるだけで自然発火することはないが，動植物油類のうち乾性油，半乾性油については，常温でも空気に触れるだけで自然発火する危険がある．このことをさらに考察してみよう．

　グリセリンと脂肪酸とのエステルを総称してグリセリドといい，グリセリンの三つのヒドロキシ基のすべてがエステルを形成しているトリグリセリドが油脂の主成分である．トリグリセリドは三つの脂肪酸残基がすべて同じものもあれば，三つとも違う脂肪酸に由来するものもある．

　脂肪酸がもつ $C=C$ 二重結合の数はさまざまである．二重結合が隣接するメチレン基は空気中の酸素によって酸化されやすく，酸化で生じる過酸化物やラジカルが重合開始剤になってトリグリセリド間で二重結合の重合反応が起こる．いったん重合反応がはじまると，発熱反応であるがゆえに自らの発熱で反応は加速度的に激しくなり，発熱量はさらに多くなる．この熱が発散されずに蓄積されると，油脂は自然発火する．したがって，脂肪酸残基の二重結合の数が多いグリセリドを含む割合が高い油脂は自然発火の危険性が高いのに対して，不飽和度が低いオレイン酸を脂肪酸残基とするトリグリセリドは，自然発火の危険性がほとんどない．

170〜180℃ではガスコンロ，電子調理器のいずれであっても大豆油は燃えない．

282℃（引火点）を超えると，ガスコンロの場合は，ガス火から引火する．

電磁調理器には火気（着火源）がないから，282℃では油は燃えない．

大豆油
引火点 282℃
発火点 444℃

油の温度が444℃（発火点）を超えると，着火源の有無には関係なく油は燃える．

**図 1.3** 大豆油の引火点と発火点で危険度を考える

なって，油は流動性がなくなり固化（乾く）する．このような性質が強い油は**乾性油**とよばれ，自然発火する危険性が高い．

　引火点と発火点の情報は，危険を予測するうえで重要となる．たとえば，大豆油の引火点は282℃で，発火点は444℃だと知られており，大豆油の温度が170〜180℃の場合には引火点，発火点よりも低いので火気の有無に

> **危険事例**
> （1）ジエチルエーテルを用いて抽出操作をしていたところ，数メートル先で入室した教授の靴の金具部分が金属製のドア枠に接触して出た火花で，引火した．
> （2）ガソリンスタンドで給油する際に，静電気除去をせずに給油口のカバーを開け，給油口の金属製のキャップに触れたとき，給油者に帯電していた静電気が放電し，その火花がガソリンの蒸気に引火した．

関係なく大豆油は燃えない．一方，大豆油の温度が282℃を超えるとガス火(火気：着火源)からは引火するが，火気がない電磁調理器では油は燃えない．油の温度が発火点を超えると火気の有無に関係なく，空気中では油は燃えだす(図1.3)．

## 1.6.4 静電気からの引火

**静電気**の放電火花は危険物にかぎらず，可燃性ガスなどの着火源として働く．水溶性液体では多少の水が溶け込んでいるので若干の導電性があり，静電気の発生と帯電の危険は少ない．しかし水溶性液体でも引火点が低い液体は他のもの(たとえば人体など)が発生する静電気火花から引火する．自らが発生，帯電する静電気による火災の危険が大きいのは，引火点の低い**特殊引火物，第1石油類，第2石油類**のなかの非水溶性液体である．

静電気事故の危険は使用する器具によっても違いがある．ガラスやプラスチック，ゴム製の漏斗やホースや容器などを使って勢いよく流したり，容器のなかで激しく揺さぶったりすると静電気事故を起こすことがあり，危険である．移し替える場合にも事故が起こりやすいので，注意する必要がある．気体においても自ら発生させた静電気による火災事故が起こる．メタン，エタン，プロパンなど石油系の導電性が低いガスはノズル（プラスチック製などが危ない）から激しく噴出するときに摩擦静電気が発生する危険がある．

静電気による危険を避けるには，**衣服の素材にも注意**しなくてはいけない．吸湿性がよい木綿の衣服はポリエステル，レーヨンの衣服よりも摩擦静電気の発生量が少なく，可燃性の物質を使う実験では木綿の衣服を使うのが好ま

しい(吸湿性がある衣服は湿度が高くなると帯電電位は著しく下がる). 静電気においては危険なほどの高電位の帯電が発生しているか否かは眼に見えないので, 存在が眼に見える発火源よりもさらに厄介である. 静電気を発生する物質や帯電しやすい物質, 静電気が発生しやすくなる扱い方を知り, 静電気を発生させないように注意しなくてはいけない.

**危険 事例** ・・・・・・・・・・・・・・・・・・・・・・・・・・・・・・・・・・・・・・・・・・・・・・・・・・・・・・・・・・・・・・・・・・・ 注意

ガラス製漏斗を使ってヘキサンをガラス製フラスコに流し込んでいるとき, ヘキサンと漏斗との摩擦で発生した静電気の放電火花からヘキサンの蒸気に引火した.

## 1.7　自己反応性物質：危険物第5類

**危険物第5類**に分類される化学物質は, 周囲の火気から引火するだけでなく, **加熱**, **衝撃**, **摩擦**などで分解が起こり, 爆発的に発火する. 酸素原子を含む有機化合物は, 分解時に酸素ガスが発生して自己燃焼(分解燃焼)する. 自ら発生させる酸素で自己燃焼する物質は窒息消火ができないことから, 厄介な危険物といえる. また第5類には過酸化物, ニトロ化合物, アゾ化合物, ジアゾ化合物などの有機化合物に加えて, 金属アジド類も含まれている. 過酸化物やジアゾ化合物はラジカル開始剤として, 工業的には重合反応によく用いられている.

【代表的物質例】

**有機過酸化物類**：過酸化ベンゾイル $(C_6H_5CO)_2O_2$

**硝酸エステル類**：硝酸メチル $CH_3ONO_2$, ニトログリセリン $O_2NCH_2CH(NO_2)CH_2NO_2$, 硝酸エチル $C_2H_5ONO_2$, ニトロセルロース $Cell\text{-}(ONO_2)_{2\sim3}$

**高ニトロ化合物類**：ピクリン酸 $(NO_2)_3C_6H_2OH$, トリニトロトルエン $(NO_2)_3C_6H_2CH_3$

**ニトロソ化合物類**：ジニトロソペンタメチレンテトラミン $C_5H_{10}N_6O_2$

## 1.7 自己反応性物質：危険物第5類

**アゾ化合物類**：アゾビスイソブチルニトリル $[(CH_3)_2C(CN)]_2N_2$
**ジアゾ化合物類**：ジアゾジニトロフェノール $(NO_2)_2C_6H_2(=O)(=N_2)$
**ヒドラジンの誘導体**：硫酸ヒドラジン $NH_2NH_2 \cdot H_2SO_4$
**ヒドロキシルアミンとその塩類**：ヒドロキシルアミン $NH_2OH$，塩酸ヒドロキシルアミン $HCl \cdot NH_2OH$
**金属アジ化物類**：アジ化ナトリウム $NaN_3$
**その他の第5類化合物**：硝酸グアニジン $(NH_2)_2C=NH \cdot HNO_3$，
　　1-アリルオキシ-2,3-エポキシプロパン $H_2C=CHCH_2OCH_2-HC\overset{O}{\underset{}{\diagdown}}CH_2$,
　　4-メチリデンオキセタン-2-オン（ジケテン）

表1.16に，危険物第5類に属するいくつかの熱分解性物質を示す．なお，ペルオキシドは金属の添加あるいは混入によって触媒的に激しく分解する．たとえば，メチルエチルケトンペルオキシドの熱分解温度は177℃だが，鉄さびと混ざると，30℃以下で激しく分解する．

### 危険事例　注意

(1) かつては映画のフィルムとしてニトロセルロースが使われていたが，これを収納する容器の密封度が不完全であり，かつ高温の倉庫に保管してあったため，ニトロセルロースが乾き，発火した．
(2) 過酸化アセチル（有機過酸化物）を実験で使うために，金属製のスプーンで秤量していたとき，突然爆発した．
(3) ヒドロキシルアミンを蒸留したところ，温度が上がり過ぎたために爆発した．
(4) アジ化ナトリウムを金属スパチュラで秤量していたところ爆発が起こり，手を負傷した．
(5) 1990年に東京で過酸化ベンゾイル（benzoyl peroxide；BPO）を製造している化学工場で爆発事故が起こり，火災ならびに死傷者が出た．高純度のBPOを精製あるいは小分け作業中の爆発がきっかけと考えられている．

**表 1.16** 危険物第 5 類の熱分解性物質

過酸化ベンゾイル，ニトロセルロース，ニトログリセリン，トリニトロトルエン，ピク
リン酸，ヒドロキシルアミン，塩酸ヒドロキシルアミン，ジアゾジニトロフェノール，
メチルエチルケトンペルオキシド

## 1.8 酸化性液体：危険物第 6 類

**危険物第 6 類**には，単独では不燃性の液体だが，共存している可燃性物
質や還元性物質の発火，燃焼を助長する液体の物質が分類されている．第 6
類の化学物質はすべて危険等級 I の強い酸化力をもっている．また危険物第
1 類の酸化性固体との関連性も大きいが，ここには酸化的なフッ素化反応を
起こすフッ素化合物の液体も含まれている．水溶性のものは水で希釈すると，
その危険性を下げることができる．

過酸化水素は消毒剤から工業用の酸化試薬まで幅広く用いられるが，水溶
液濃度は用途によって大きく異なり，当然のことながら，濃度の高いものの
ほうが危険性は高い．消毒薬のオキシドールでの過酸化水素の濃度は 2.5 〜
3.5％（重量濃度）なのに対し，酸化試薬として用いられる過酸化水素の濃度
は 30 〜 50％，ときに 70％まで用途により異なる．過酸化水素のタンクロー
リーを見かけることがあるが，安全な移動のため，濃度が 10％以下のもの
にかぎられている．各種の金属の触媒作用によって過酸化水素の分解が促進
され，発熱とともに酸素が発生する．このため，貯蔵用の容器の金属の材質
が含まれる場合はとくに指定されたもの以外は用いてはならない．一般に，
試薬レベルの過酸化水素水はポリエチレン容器で供給されている．

硝酸は刺激臭のある無色な液体であり，酸化性が強く酸化剤として働く．
濃硝酸は日光により分解し二酸化窒素が生じるため，黄褐色となる．そのた
め，濃硝酸は褐色の試薬瓶に入れ，冷暗所で保管する必要がある．一般に硝
酸はその水溶液を示し，広く市販されている比重 1.42 のもの（共沸混合物）
は 69.8％の硝酸を含む．通常の硝酸より濃度の高い（濃度 98％）水溶液は発
煙硝酸とよばれる．多くの金属は硝酸と反応して塩を形成し，溶解する．た
だし，白金，金は溶解しない．硝酸は劇物であり，皮膚や口，食道，胃など
を冒し，発煙硝酸を吸入しても気管を侵し，肺炎となる．硝酸が皮膚にかか

るとキサントプロティン反応により皮膚はオレンジから茶色になり，その後その部分が角質化して脱落する．

> 【代表的物質例】
>
> 過塩素酸 $HClO_4$，硝酸，発煙硝酸 $HNO_3$，過酸化水素 $H_2O_2$，三フッ化臭素 $BrF_3$，五フッ化臭素 $BrF_5$

**危険 事例**

(1) 加熱した濃硝酸が実験着にかかって発火した．
(2) 高濃度の過酸化水素を別の反応容器に移すために注射器で吸いあげたとき，注射器の内部に付着していた金属粉が触媒になり過酸化水素が急激に分解し，発生した酸素の内部圧力で注射器が破裂した．

## 1.9 混合危険について

2種類以上の物質が混ざり合うときには，爆発，発火する**混合危険**（もしくは**混触危険**）に十分注意しなくてはいけない．また，混合によって有毒な化学物質が発生し，健康被害を及ぼす可能性にも気をつける必要がある．

表1.17には危険物第1類から第6類までの組合せで混合危険の可能性のあるものを×印をつけて示した．○印は混合危険のない組合せである．た

表 1.17 混ざり合うと爆発および発火をする混合危険が起こる恐れのある危険物の組合せ

|  | 第1類 | 第2類 | 第3類 | 第4類 | 第5類 | 第6類 |
|---|---|---|---|---|---|---|
| 第1類 | ○ | × | × | × | × | ○ |
| 第2類 | × | ○ | × | ○ | ○ | × |
| 第3類 | × | × | ○ | ○ | × | × |
| 第4類 | × | ○ | ○ | ○ | ○ | × |
| 第5類 | × | ○ | × | ○ | ○ | × |
| 第6類 | ○ | × | × | × | × | ○ |

×印がついている危険物が混ざり合うと，混合危険が発生する．
「危険物の規制に関する規則」の「別表第4」より引用．

48　　1章　火災や爆発の危険性がある化学物質

とえば，第1類の危険物は第1類，第6類と混ざり合っても危険はないが，第2類〜第5類の危険物に触れると爆発，火災の危険性がある．

　たとえば，エタノール（第4類）と濃硝酸（第6類）が混合すると，激しい発熱が起こり，爆発的に発火する．この場合は酸化性の危険物と可燃性の危険物が混ざり合うため，たいへんな危険を伴う．また，危険物どうしの組合せでなくとも，2種以上の物質が混合したとき，化学変化を起こして爆発の危険性が高い爆発性化合物ができることもある．例としては，硝酸銀とアンモニア水が混ざると化学反応が起こり，$Ag_3N$（窒化銀）と $AgNH_2$ が生成する．この混合物は**雷銀**とよばれていて，わずかな摩擦でも爆発する．

　2種類以上の物質が混ざり合うと有毒なガスが発生するケースにも，十分気をつけなければならない．たとえば硝酸塩や食塩を濃硫酸に混ぜると，亜硝酸ガスや塩化水素がそれぞれ発生する．また，式(1.2)に示したように，次亜塩素酸ナトリウムと塩酸を混ぜると，猛毒の塩素ガスが発生し，シアン化ナトリウムや硫化ナトリウムと塩酸を混ぜると猛毒の青酸（シアン化水素）ガスや硫化水素がそれぞれ発生する〔式(1.3)，式(1.4)〕．

次亜塩素酸塩　　$NaClO + 2HCl \longrightarrow Cl_2$（塩素）$+ NaCl + H_2O$　　(1.2)

シアン化物　　　$NaCN + HCl \longrightarrow HCN$（シアン化水素）$+ NaCl$　　(1.3)

硫化物　　　　　$Na_2S + 2HCl \longrightarrow H_2S$（硫化水素）$+ 2NaCl$　　　　(1.4)

● **実験室で発生する恐れがある混合危険**

　確立された反応では実験書に書いてある注意を守るかぎり混合危険が起きる恐れはないが，誤った操作や乱暴な操作をすると混合危険が起こる危険性がある．2種類以上の化学物質を混ぜ合わせる場合は，安全が確認されている実験書の操作手順を遵守しなくてはいけない．根拠なしに手順を変えると，事故を招く．また，新しい実験をはじめるときは，混合危険の可能性について十分に注意しなくてはいけない．ほとんどの化学の実験には混合危険が潜んでいることから，操作法が確立されていない場合は，発熱やガスの発生の有無を確かめながら，慎重に混ぜ合わせなくてはいけない．また，むやみに廃液として捨てることも混合危険の原因となる．

## 1.9 混合危険について

**危険 事例**
(1) 無水クロム酸の上にアセトンを加えたところ大きな発熱が起こり,アセトンが爆発的に発火した.
(2) 還元反応で,手順を間違えて粉末の水素化アルミニウムリチウムの上に脱水精製をしていないジエチルエーテルを加えたところ,激しく発熱し,水素化アルミニウムリチウムが分解爆発してフラスコが割れて飛び散った.

反応だけではなく,実験で**使用済みの化学物質を廃棄する際にも混合危険は生じる**.廃棄する化学物質を種類別にまとめるときは,混ざり合っても混合危険が起こらないことを確かめたあとに容器に移す.このときの確認を確実にするためには,廃棄物を入れる容器にもラベルをつけて内容物が判るようにしておかなくてはいけない.下水道に直接排出しても環境汚染の心配がない物質であっても,実験系廃液はすべて回収し,実験器具についても二次洗浄水まで回収するようにしなくてはいけない(第9章参照).

地震などで試薬瓶が棚から落下すると,複数の容器が破損して混ざってしまう危険性がある(写真 1.2).こうした事故は地震のときなどに,理工系の大学で発生する火災の原因の一つになっている.こうした危険を回避するた

**写真 1.2** 東日本大震災で倒れた試薬棚
筑波大学・市川淳士先生のご厚意による.固定していた試薬棚は倒れなかった.

50 1章 火災や爆発の危険性がある化学物質

めには棚やキャビネットが倒れないように固定し，棚に置く場合は容器の落下を防ぐ対策をしておく必要がある．棚などからの落下を防止するだけでは十分とはいえない．

さらに，万が一混ざり合っても混合危険が発生しないように，混合危険が発生する恐れがある物質は互いに離れた場所に保管しておく．とくに危険物や毒物は厳重な管理下で，適正な分量を保管するようにしなくてはいけない．

実際に，大震災発生直後の化学系実験室では，次のことが経験され，教訓が残された．

**教訓** 壁面や床面などに固定されていないキャビネットや試薬棚などは倒れる．

**教訓** 薬品棚の滑り止めの桟（さん）では不十分であり，針金を1本張り足すと瓶の転落防止には効果がある．

## 1.10 危険物の指定数量と危険等級

消防法では，危険物はその危険性に応じて第1類から6類に分類されていることを学んできたが，さらに，その危険性について考慮した**指定数量**が定められている（巻末の付表2参照）．指定数量においては，その値が小さいものほど危険性が大きい．貯蔵量を指定数量で割った値が指定数量の倍数だが，その値が1以上の場合には，**消防法**の適用を受ける．また0.2～1未満の場合には，**各市町村の火災予防条例**によって規制される．実験室の場合には，基本的には1防火区画あたりの数量となる．指定数量は，下記の式(1.5)のとおりに計算する．類が異なっていても貯蔵量を指定数量で割って倍数を合計し，計算する．

$$\frac{Aの貯蔵量}{Aの指定数量} + \frac{Bの貯蔵量}{Bの指定数量} + \frac{Cの貯蔵量}{Cの指定数量} + \cdots = \frac{指定数量}{の倍数}$$

(1.5)

たとえば，**ジエチルエーテル**は，危険物第4類特殊引火物に該当し，指定数量は50Lである．したがって，10L実験室にもち込んだ場合には，指

定数量の倍数はこれだけで0.2となり，他の危険物はもち込むことができない．必要最少量を購入して使用するか，危険物倉庫から小分けして少量をもち込む必要がある．

危険等級は，危険物の危険性に応じてⅠからⅢまで区分されており，その等級によって，その運搬容器の材質や最大容量などが定められている（容器の詳細については，危険物の規制に関する規則 別表第3，第3の2，第3の3，第3の4参照）．危険等級の数字が小さいほど，危険性が高いことを表しており，より丈夫な容器に収納する必要がある（巻末の付表2を参照）．

たとえば，ガソリン（危険物4類，第1石油類，危険等級Ⅱ）は，金属製容器では容量30Lまで，プラスチック容器（ポリ容器）を使用する場合には10Lまでと決められている．つまり，18Lポリ容器に入れてガソリンを運搬することはできない．一般に金属製の携行缶に入れてもち運ぶ．これに対して，灯油（危険物4類，第2石油類，危険等級Ⅲ）は，18Lポリ容器で購入することができる．

---

## 章末問題

1. 化学物質安全性データシートに記載する必要のあるものはどれか．
    ① 組成および成分情報　　② 危険有害性　　③ 安定性および反応性
    ④ 適用法令　　⑤ ①～④のすべてを書く必要がある

2. GHS対応にもとづく次のシンボルマークはどのような危険性，化合物を示しているか．

    ① 支燃性/酸化性ガス　　② 高圧ガス　　③ 水生環境有害性
    ④ 急性毒性　　⑤ 金属腐食性物質　　⑥ 自然発火性物質および禁水性物質

3. 次の化合物のうち，危険物第2類に分類されるのはどれか．
    ① 塩素酸カリウム　　② マグネシウム　　③ カリウム　　④ ナトリウム
    ⑤ メチルリチウム

52    1章　火災や爆発の危険性がある化学物質

4. 次のうち，危険物第5類の性質を示すものはどれか．
   ① 酸化性固体　　② 可燃性固体　　③ 引火性液体　　④ 自己反応性物質
   ⑤ 酸化性液体

5. 自然発火性物質および禁水性物質は，消防法では危険物第何類に属するか．
   ① 第1類　　② 第2類　　③ 第3類　　④ 第4類　　⑤ 第5類
   ⑥ 第6類

6. 引火点23℃未満，沸点35℃を超える引火性液体はGHS区分では何区分に
   属するか．
   ① 区分1　　② 区分2　　③ 区分3　　④ 区分4

7. 危険物第3類の物質のうち，自然発火性，禁水性の両方の危険性をもつ物
   質はどれか．
   ① ナトリウム　　② リチウム　　③ 黄リン　　④ 炭化カルシウム
   ⑤ アルキルリチウム

8. 消防法では危険物第4類における引火性液体は引火性の強さ（引火点の高低）
   を基準に何種類に，分類されているか．
   ① 分類されていない　　② 3種類　　③ 5種類　　④ 6種類　　⑤ 7種類

9. 混合危険のある組合せはどれか．
   ① 危険物第1類と危険物第6類　　　② 危険物第2類と危険物第3類
   ③ 危険物第3類と危険物第5類　　　④ 危険物第4類と危険物第5類
   ⑤ 危険物第5類と危険物第5類

10. 危険物第5類と混合危険のある化合物はどれか．
    ① 危険物第1類　　② 危険物第2類　　③ 危険物第3類
    ④ 危険物第4類　　⑤ 危険物第5類　　⑥ 危険物第6類

11. 同じ危険物の類に属する組合せはどれか．
    ① 過マンガン酸カリウムと過酸化ベンゾイル

②アルミニウムとナトリウム　③過塩素酸と塩素酸カリウム
④亜鉛とジエチル亜鉛　⑤硝酸と過酸化水素

12. 次の化合物のうち，水中で保存するのはどれか．
    ①ナトリウム　②黄リン　③カリウム　④炭化カルシウム
    ⑤ジエチル亜鉛

13. 次の化合物はいずれも酸素を出して可燃物と反応し火災，爆発を起こす固体であり，酸化性固体に分類される．化合物名は化学式に，化学式は化合物名で表せ．
    ①塩素酸カリウム　②$NaIO_4$　③過マンガン酸カリウム
    ④$NH_4BO_3$

14. 次の化合物のうち，[自然発火性物質および禁水性物質] に分類される化合物はどれか．
    ①エタノール　②ナトリウム　③ジエチル亜鉛　④アセトン
    ⑤三塩化リン

15. 次の危険物第4類のうち，危険等級Ⅱにあたるのはどれか．
    ①特殊引火物　②第1石油類　③アルコール類　④第2石油類
    ⑤第3石油類　⑥第4石油類　⑦動植物油類

16. 薬品の不用意な混合はしばしば事故につながる．$NaClO$と塩酸を混ぜてはいけないのはなぜか．また，硫化ナトリウムと塩酸を混ぜてはいけないのはなぜか．化学反応式を書いて説明せよ．

17. 次にあげる危険物を保管している実験室は，指定数量の何倍となるか．
    特殊引火物(3 L)，第1石油類(非水溶性，10 L)，アルコール(10 L)，
    第2石油類(非水溶性)(5 L)
    ①0.10　②0.12　③0.14　④0.16　⑤0.18

# 第2章 実験室での火災への対処法

　実験室で最も多い事故は火災である．細心の注意を払って実験していても，危険物や可燃性のガスを使用している場所では些細な原因で火災が発生する．しかし実験室で発生する小規模な火災であれば，落ち着いて迅速かつ適切に対処すればほとんどの場合，容易に消火できる．一方で，実験室火災の消火方法は一般的な建物での火災の消火方法とは異なり，さまざまな薬品が置かれていることから単純ではない．とりわけ危険物の火災では，**燃えている物質によって消火の方法が異なり，適切な消火方法を知る必要がある**．

　消火器にはいくつかの種類があり，その特性を承知したうえで，燃えているものや周囲の状況を即座に把握し，最も適切な消火器を使う．間違った消火器を使うと火災の危険を拡大してしまう恐れがある．本章ではさまざまな種類がある消火器の特性をふまえ，実験室内で火災が発生したときに用いるべき消火器と，取るべき行動について説明する．また火災を未然に防ぐために，普段から気をつけるべき点についても解説する．

## 2.1　消火器の消火原理（消火作用）

　燃焼とは熱と光を発する激しい酸化反応であり，ものが燃えるために不可欠とされる燃焼の三要素を次に示す．

(1) **可燃物**：燃えるものが存在している．
(2) **酸素の供給**：一般的には空気中の酸素．酸化性物質が存在していると，高濃度の酸素が供給されるので，より激しく燃える．

(3) **エネルギーの供給**：酸化反応を開始させるためには，エネルギーが必要である．これを供給するものを発火源，着火源，点火源などという．いったん燃えはじめると自らの燃焼熱がエネルギーの供給源になって燃焼が継続する．

消火するには，上記の三要素のどれか一つでも取り除けば，火は消えるはずである．一般に，消火にあたっては，次に示す消火に関する四つの作用に留意する必要がある．

(i) **除去作用**：燃えるものを取り除く．
(ii) **窒息作用**：酸素の供給を断つ．
(iii) **冷却作用**：燃えているものの温度を下げ，酸化反応が継続するのに必要なエネルギーの供給を断つ．
(iv) **抑制作用**：酸化反応を遅くして（負触媒作用）燃焼熱を減らし，燃焼の継続を防ぐ．

## 2.2　消火器の種類

火災を燃えているもので分類すると，木材を主とする建物などの火災（**普通火災**），油類の火災（**油火災**），通電中の電気設備などの火災（**電気火災**）などがあるが，それぞれA火災，B火災，C火災に分類される．また，特殊なものとして，金属類が燃える火災（**金属火災**），**ガス火災**がある．消火器はこれらの火災のすべてを安全かつ効果的に消火できるとはかぎらない．それゆえに，市販されている消火器にはいずれの火災に対して有効なのかを表す

## 2.2 消火器の種類

**表 2.1** 消火器の使用区分

| ラベルの色 | 火災の種類 | 有効な火災 |
|---|---|---|
| 白色 | A 火災（普通火災） | 木材，紙類などの火災に対して有効 |
| 黄色 | B 火災（油火災） | ガソリンなどの有機溶剤の火災に有効 |
| 青色 | C 火災（電気火災） | 通電中の電気設備，機器類の消火に有効 |

**写真 2.1** 消火器の使用区分の表示例

使用区分が示されている（表 2.1，写真 2.1）．

燃えているものや火災の規模によって適切な消火器（消火剤）を選び，消火することがきわめて大事である．**水系の消火器**には次のものが知られている．

**水消火器**：いくつか種類があるが，純水を用い浸潤剤などを加えて蓄圧式で噴霧する型が一般的である．

**強化液消火器**：炭酸カリウムの濃厚な水溶液（pH およそ 12 の強アルカリ）を蓄圧式で噴霧する．

**機械泡消火器**：界面活性剤の水溶液を放射時にノズルから空気を取り入れて発泡させて噴射する．

**化学泡消火器**：炭酸水素ナトリウム水溶液と硫酸アルミニウム水溶液を薬剤とし，両者が混ざり合ったときに発生する炭酸ガスの圧力で噴射する．発生する水酸化アルミニウムの泡を安定化するために，サポニンなどが混入してある．

これらは一般に使われている消火器だが，化学系の実験室の火災に対しては適さない．むしろ，**実験室の火災の消火には，水あるいは薬剤の水溶液を使**

58 第2章 実験室での火災への対処法

う消火器は使ってはいけない．なぜだろうか．実験室での火災の消火に水を使う(撒水消火，注水消火)と，次のようなことの起こる可能性が考えられる．

- 水をかけると，水に溶けず水より軽い液体は水の表面に広がるので，火災の面積が拡大する．
- 燃えている金属に水をかけると，水素ガスが発生して，さらにガスも燃えるので火勢が強まる．
- 水と反応して新たに発火する物質がある．
- 水と反応して有毒ガスを発生する物質がある．
- コンセント，電気機器などに水がかかると，漏電や感電といった二次災害が起こる可能性がある．

　それでは化学系の実験室で使える適切な消火器はどのようなものであろうか．基本的に用いるべき消火器は，次に示した**炭酸ガス消火器**，ABC 消火器とよばれる**粉末消火器**，そして**乾燥した砂**の三つである．なお，非水系の消火器として，ハロン 1301 消火器：成分 ($CBrF_3$) もあるが，オゾン層破壊物質のため，美術館などのかぎられた場所でのみ使用される．

### ● 炭酸ガス消火器

　消火薬剤は二酸化炭素であり，炭酸ガス消火器のなかには加圧されて液化した状態の二酸化炭素が入っている．消火器のレバーを握ると容器内で気化している炭酸ガスの圧力で液化二酸化炭素が放出管を通って押しだされ，ホーン内で断熱膨張してドライアイスの粉末になって噴出する．自分の圧力で噴出するので自圧式とよばれる．たとえば，アルコールやエステルなどの有機溶剤の火災の消火には，炭酸ガス消火器が有効である．

　室内での使用では問題にはならないが，風が強い屋外ではドライアイスが吹き飛ばされ，炭酸ガスがすぐに拡散してしまう弱点がある．ドライアイスによる冷却作用と炭酸ガスで燃えているものを包み込み空気との接触を遮断する窒息作用から，**油火災**(有機溶剤の火災)や**電気火災**(通電中の配線，電気機器などの火災)に適応している．

　一方，内部に火種が残る恐れがある木材などの火災(**普通火災**)には，消火

2.2 消火器の種類 59

薬剤がすぐに拡散してしまうので向いていない．炭酸ガス消火器はレバーを離すと薬剤の放出は止まる．また，消火器内の液化二酸化炭素がなくなるまで繰り返し使える．ただし，液化二酸化炭素がどの程度残っているかは，消火器全体の重量を測定しないとわからないので，定期的に交換することが望ましい．放射時間は 15 〜 18 秒（高さ 50 〜 60 cm の一般的なサイズ），放射距離は 2 〜 4 m のものが多い．放射される消火剤がドライアイスだから，消火後に薬剤は残らないので周囲を汚さないし，薬剤がかかっても装置類を傷める心配がないのは利点といえよう．

### ● ABC 消火器

　消火薬剤として粉末を使用するものを粉末消火器と総称する．一方で **ABC（粉末）消火器**（加圧式と蓄圧式）と称するのは，火災の分類すなわち，**A 火災**（普通火災），**B 火災**（油火災），**C 火災**（電気火災）に対応しているからである．ABC 消火器ではリン酸二水素アンモニウム $NH_4H_2PO_4$（ABC 粉末という）を使用する．粉末消火器に使用する粉末としては，ほかに炭酸水素ナトリウム，炭酸水素カリウム（炭酸水素カリウムと尿素との反応生成物）があるが，リン酸二水素アンモニウム薬剤はほかの粉末と識別するために，淡いピンクに着色することが定められている．

　消火作用はリン酸塩による抑制作用と粉末や放射ガスで包み込む窒息作用である．普通火災に加えて，油火災，電気火災にも適応でき，さらに，薬剤が燃えているものにへばりついて残るため，再発火の危険も少ない．リン酸塩に毒性はないが，眼に入ると十分に洗眼しなくてはいけない．消火能力は炭酸ガス消火器よりも大きいが，実験室内で使用する場合はリン酸塩の水溶液が弱酸性である点に注意する必要がある．リン酸塩が機器類の内部に入ると金属部品が錆びることがあり，精密機器は分解掃除が必要になる．

　リン酸塩は自力で噴射できないので，粉末を噴射するための加圧用のガスを内蔵する必要がある（図 2.1）．加圧ガスを内蔵する方式には，加圧式と蓄圧式の二つがある．加圧式消火器では，レバーを握ると，カッター（ポンチ）が内蔵されている加圧用ガス（液化炭酸ガス）容器の封板を破り，導入管を通って加圧用ガスが消火器内へ入る．そのガス圧でリン酸塩が放出管を通っ

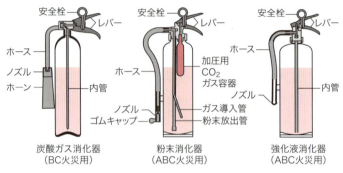

図 2.1　消火器の構造

てホースから噴出する．小型のもので放射時間はおよそ 15 秒，放射距離は 3～5 m である．本体に腐食した箇所(とくに，底部が錆びている場合が多い)があるとガス圧で本体が破裂する事故が起こることから，本体が腐食しないように注意して保管する．

　蓄圧式消火器では，容器内に 0.7～0.98 MPa の窒素ガスがあらかじめ封入されていて，レバー操作で窒素ガスの圧力で薬剤が放出される．蓄圧式は噴射用のガスが漏れることがあるので，付属ゲージでガス圧を確認しておく．加圧式，蓄圧式のいずれであっても，一度使うと加圧用のガスの圧力が低下する．したがって，使用は 1 回かぎりとし，使用後は業者が薬剤を詰め替える．

● **乾燥した砂，膨張ひる石，膨張真珠岩**

　炭酸ガス消火器はナトリウムやカリウムやアルミニウムなどの金属の火災の消火には有効ではない．また，金属が燃えたときに水または水溶液を消火薬剤にしている消火器を使うと，ただちに水素ガスが発生して水素爆発が起こり，火災がむしろ拡大する．化学系の実験室では金属類の火災の消火に必要な消火剤として，乾燥した砂を用意しておく（写真 2.2）．砂以外にも，膨張ひる石(別名バーミキュライト)，膨張真珠岩(別名パーライト)が用いられるが，これらはいずれもケイ酸塩である．消火作用はいずれのものも燃えている金属を包み込み，空気との接触を断つ窒息作用だけである．乾燥砂は使いやすく，**実験室での少量の金属火災では確実に消火できる**利点がある．乾燥砂はバケツや箱に入れ，湿らないように保管しておく．

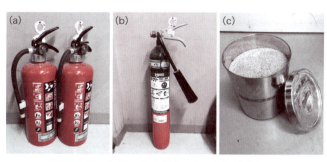

**写真 2.2** 各種の消火器(a,b)と乾燥砂(c)
(a) 粉末(ABC)消火器, (b) 炭酸ガス消火器, (c) 乾燥した砂.

● 金属火災用消火器

金属火災用消火器は, 消火剤のアルカリ塩化物 (KCl, NaCl) を内蔵し, 窒素ガスの圧力で放射する. KCl (融点 776 °C), NaCl (融点 801 °C) が高温で溶融する際の溶融潜熱による冷却作用と溶融した KCl, NaCl の塊で包み込む窒息作用で消火する. 放射の勢いで軽い金属箔, 金属粉が燃えたまま吹き飛ばされる恐れがある点には注意を必要とする.

## 2.3 実験室内での火災への対処

2.2 節で述べたように, 炭酸ガス消火器, 粉末(ABC)消火器, 乾燥砂のいずれも万能ではない. それでは実験室内で火災が実際に発生したとき, どの消火器を使えばよいのだろうか. 機器類に与えるトラブルを考慮し, 燃えているもの, 火災の規模によって, **消火器を使い分けなくてはいけない**. 次に指針をまとめる.

(1) 金属類の火災は, 乾燥した砂を使って消火する.
(2) それ以外のもの (有機溶剤, プラスチック類, 紙, 通電中の電気設備や機器類) の火災は, 炭酸ガス消火器, 粉末(ABC)消火器のどちらを使っても消火できる. 火災の状況で使い分ける.
(3) 火災の範囲がかぎられた狭い範囲や火災の初期段階では, 一般的に炭酸ガス消火器を使う. 屑入れのなかで紙が燃えたときにも, 炭酸ガス消火器を使うことができる.

(4) 大量の有機溶剤が広い範囲にこぼれて燃え，初期消火ができずに火災が周囲に拡大してしまったような状況では，消火能力が大きい ABC（粉末）消火器を使う．
(5) 実験室外では躊躇せずに ABC（粉末）消火器を使えばよいが，機器類を傷める恐れがあるため，実験室内での火災は炭酸ガス消火器が使えるのに慌てて ABC（粉末）消火器を使うのは好ましくない．

● 火災が発生したときの冷静な行動

大人数で実験している場所で火災が発生した場合，全員が同じ考え方で行動しないと，その場は混乱して災害が大きくなる恐れがある．実験室で火災

◆ コラム ◆

### 消火器の使い方

① 上部の安全ピンを抜く（写真 2.3）．
② ホーン，ホースを火元に向ける．粉末消火器のホースの先のキャップは外さなくても，放出される薬剤の勢いで外れる．
③ レバーを強く握る．消火器は縦位置で使う（抱えるように横向けにして使うと薬剤が十分に放出できない）．燃えているものから 2 m ほど離れた場所から，炎の根元に向かって掃くように薬剤を放射し，状況を見ながら接近する．いきなり至近距離から放射すると，薬剤が噴出する圧力により，燃えているものが飛散する恐れがある．

写真 2.3　消火器 (a) の上部の拡大写真 (b)

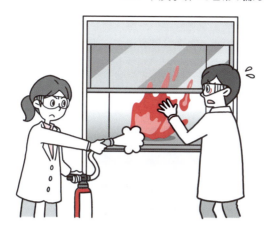

が発生したときは，火を出した当人は冷静さを失っていることが多く，その状態で消火しようとすると，その場が混乱して被害を拡大してしまうことにも気をつけなければならない．火を出した当人は何よりも先に周囲に火災の発生を知らせ，周囲の冷静な人(消火器に近い人)が消火に当たる．また，近くに燃え移りそうなものがあれば，すみやかに安全な場所に移動させる．実験は火災，中毒，酸欠発生，感電など生命を脅かす危険があることから，基本的に異常を察知して助けにきてくれる人が近くにいる状況にしておく．1人の実験で火災に直面したときには，当事者となり冷静な判断ができなくなる．**夜間，昼間を問わず，1人での実験はおこなわない**ようにしなくてはいけない．

## 2.4 火災事故への日常の備え

　防災対策を怠らず，万が一のときに設備が正常に作動するよう普段から点検しておくことと，防災意識を高めておくことが何よりも大切である．火災発生に備えて日頃から注意しておくべきいくつかの事項について，次にまとめる．

### (1) 実験室内での試薬保管量をミニマムにする

　実験室内にもち込む危険物は，その日の実験に必要かつ十分な最小限の

量にする．必要以上の量を室内に置くのは，火災の規模を大きくしてしまう．また薬剤のガラス瓶は倒れやすい実験台の棚ではなく，下部の収納庫のなかに置く．

**(2) 避難路を確保しておく**

部屋の出入り口(緊急時の避難路)は2か所以上を確保しておく．実験中に足下に邪魔になるようなものを置くと，とっさの危険回避の行動や避難の妨げになる．廊下や非常階段付近には，避難の邪魔になるようなものを置いてはいけない．

**(3) 普段から防火設備の点検をする**

防火扉，防火シャッターが確実に閉じられるように，近辺に邪魔になるものが置かれていないかを普段から定期的に点検しておく．防火扉，防火シャッターは延焼を防ぐだけでなく，流れてきた煙による一酸化炭素中毒などの重大な事故を防ぐためにも必要な防災設備である．

**(4) 緊急シャワーと洗眼器は緊急時に安全に使える状態かを点検しておく**
(写真 2.4)

ときどき，水を流して，正常な動作を確認しておく．

**(5) 消火器は定められた場所に適切な数を置く**

常備してある消火器の置き場を覚えておく．夜間の停電に備えて懐中電灯を常備しておく．消火器は暗闇のなかでも素早く安全に手に取れる場所に置いておくのが望ましい．地震などでものが散乱している状態では，

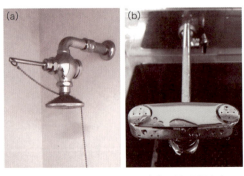

写真 2.4　緊急シャワー（a）と洗眼器（b）

設置場所にたどり着くのさえ難しい可能性もある．

**(6) 実験で使う衣服の素材に留意する**

木綿の衣服は炎をあげて速やかに燃えあがるが，わずかな灰が残るのみである．一方，ポリエステル，ナイロンの衣服は炎の広がりは緩やかだが，溶融しながら燃え，溶融したものが肌に融着する恐れがある．高熱の溶融物が肌に融着すると火傷が深くなることを考えると，実験で使う衣服は燃えやすいが肌に融着しない木綿素材のものが好ましい．

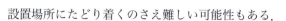
章末問題

1. 油火災時には，どのラベルのついた消火器を使用する必要があるか．
   ① 白色のラベル　　② 黄色のラベル　　③ 青色のラベル
   ④ いずれの色のラベルでもよい　　⑤ その他の色

2. 実験室の火災の消火に基本的に使用してはならない消火器はどれか．
   ① 炭酸ガス消火器　　② 粉末(ABC)消火器　　③ 乾燥した砂
   ④ 水消火器　　⑤ ①〜④のすべて用いてもよい

3. 注射器の針がはずれ，測りとったジエチル亜鉛がもれて炎があがった．どの消火器で消すのがよいか．
   ① 炭酸ガス消火器　　② 粉末(ABC)消火器　　③ 乾燥した砂
   ④ 水消火器　　⑤ ①〜④のすべて用いてもよい

4. 火災発生に備えて日頃から注意しておく事柄はどれか．
   ① 実験室内には無制限に危険物をもち込んでもよい
   ② 緊急時の退出路は2か所以上ある
   ③ 防火扉，防火シャッターは閉じられるようにものが置かれていない
   ④ 消火器は定められた場所に適格な数置かれている
   ⑤ できれば衣類は燃えやすいが肌に融着しない木綿素材のものを着る

5. 金属火災の有効な消火法はどれか．
   ① 炭酸ガス消火器を用いる　　② 乾燥砂を用いる

66 第2章 実験室での火災への対処法

③ 水を用いる　　④ ①～③のいずれでもよい

6. 不注意で火災を起こしたときの行動として好ましくないのはどれか.
　① 当人が消火する　　② 周囲に人に知らせ，消火をしてもらう
　③ 燃えそうなものを速やかに安全な場所に移動する
　④ ①～③のすべて

7. 地震などで試薬瓶の棚からの落下を防止するために日頃から注意しておく
　ことは何か.
　① 棚やキャビネットが倒れないように固定する
　② 試薬瓶が棚やキャビネットから落下しないようにする
　③ 落下しても混合危険が発生しないように，互いに離れた場所で保管する
　④ できるだけ適量保管する

8. A火災とB火災とC火災の意味するところをそれぞれ答えよ.

9. 測定機器のところで火災が起こった. 消火に当たって注意することを述べよ.

10. ABC消火器に用いられている粉末の名称と化学式を示せ. また粉末を噴
　射するために，どのようなガスが使われているか.

11. 試薬の購入で25gの瓶よりも500gの瓶のほうが割安であったが，25gを
　買うように指示された. どのような意図が考えられるか.

12. 燃焼の三要素(ものが燃えるために不可欠な要素)を述べよ.

13. 実験室の火災の消火に炭酸ガス消火器が常備されている. その利点を述べよ.

14. 金属ナトリウムを扱っているときに発火した. どのように消火するのがよ
　いか.

# 第3章 毒性のある化学物質

　実験で決して起こってはならないものに，健康被害がある．爆発，火災でも傷害事故の起こる恐れはあるが，より直接的に健康被害を受ける危険性があるのは，個々の化学物質がもつ毒性によるものだろう．実験で使う化学物質のほとんどは健康に対して何らかの悪影響を及ぼす危険があると思って扱うのがよい．化学物質には皮膚などに付着すると生命に危険が及ぶ急性毒性，直接的には生死にかかわらなくても失明や潰瘍などを起こす皮膚腐食性や，眼や喉の粘膜を強く刺激する皮膚刺激性などの毒性をもつものが多く存在する．これらの急性的な危険性に加え，体内に蓄積されたあとに症状が現れる発がん性，生殖毒性などの晩発的な危険性もある．

　化学物質による健康被害は使用している当人だけではなく，不用意に有害物質を排出や拡散させるなどの過ちを犯すと，他人への影響につながる深刻な環境汚染を引き起こしてしまうことも，強く認識しておかなくてはいけない．本章では化学物質がもっている毒性（有害性）の種類，実験室で使う程度の少量でも生死にかかわる毒性をもつ化学物質，そして健康被害や環境汚染を起こす恐れがある化学物質について解説する．

## 3.1　毒作用とその種類

　実験で使うほとんどすべての化学物質は健康に対して何らかの悪影響を及ぼす危険性をもっているとして扱うことが前提であり，その扱いの原則を次に示した．実験室では決して飲食をしてはいけないのは，何らかの化合物を人体に取り込むことを避けるためである．

化学物質のやってはいけないこと

口に入れない

皮膚につけない

蒸気を吸わない

不用意に捨てない

　健康に害をおよぼす化学物質の毒作用には，すぐに発現する毒性と時間を経て発現する毒性があり，次のように分類される．

(1) 摂取した当人に現れる毒作用
　　**全身作用**(中毒性)：直接的に生命にかかわる危険な作用
　　**局所作用**(腐食性，刺激性)：症状は身体の一部でとどまり，直接的には生命にかかわらない危険な作用
(2) 摂取した人にとどまらず，次世代にまで悪影響がおよぶ恐れがある毒作用
　　**変異原性**：生物の遺伝情報に変化を起こす危険性
　　**生殖毒性**：生殖機能などに悪影響をおよぼす危険性

　化学物質の有毒性に関するおもな法律として，「**医薬品，医療機器等の品質，有効性及び安全性の確保等に関する法律**(略称：**医薬品医療機器等法**)」，「**毒物及び劇物取締法**(**毒劇法**)」および「**労働安全衛生法**」が施行されている．

● **医薬品，医療機器等の品質，有効性及び安全性の確保等に関する法律**
　医薬品，医薬部外品，化粧品および医療機器の品質，有効性および安全性の確保のために，これらの物質を「医薬品，医療機器等の品質，有効性及び安全性の確保等に関する法律(略称：医薬品医療機器等法)」によって区分し，法律上必要な規制がおこなわれている(表 3.1)．

表 3.1 「医薬品医療機器等法」による区分

| | |
|---|---|
| 医薬品 | 病気の診断，治療，予防のために使う物質（毒薬，劇薬，処方箋医薬品など）．譲渡を含め流通させるには，厚生労働大臣による製造販売承認が必要なもの |
| 医薬部外品 | 医薬品よりは身体に対する作用が緩和であるが，身体に何らかの改善効果がある物質（例）うがい薬，健胃薬，口腔咽頭薬，コンタクトレンズ装着薬，殺菌消毒薬，消化薬，生薬含有保健薬，整腸薬，鼻づまり改善薬（外用剤のみ），ビタミン含有保健薬，殺虫剤，忌避剤，殺鼠剤，歯周病・虫歯予防の歯磨，口中清涼剤，制汗剤，薬用化粧品，ヘアカラー，生理用ナプキン |
| 化粧品 | 身体を清潔にし，美化するなどの目的で使用する物質．身体に対する作用は最も緩和（例）メーキャップ化粧品，基礎化粧品，ヘアトニック，香水 |
| 指定薬物 | 中枢神経系の興奮もしくは抑制または幻覚の作用をもつ蓋然性（がいぜん）が高く，かつ，人の身体に使用された場合に保護衛生上の危害が発生するおそれがあるもの |

● **毒物及び劇物取締法**

　実験で使うほとんどの化学物質は医薬品としては使用せず，研究，実験，製造，塗料，食品添加物，農薬などに使用する物で「**医薬用外化学物質**」とよばれている．これらの物質は「**毒物及び劇物取締法**（略称：**毒劇法**）」によって安全管理，使用上の規制がされている．「毒劇法」は「医薬用外化学物質」を毒性の強さによって「**毒物**」，「**劇物**」，「**普通物**」に分類している．また「毒物」の

◆ コラム ◆

### 健 康 食 品

　医薬品は，医薬品医療機器等法第 2 条で定義されているのに対し，健康食品は法律上の定義はなく，広く健康の保持や推進をする食品として，販売，利用されるもの全般を指す（図 3.1）．国の制度としては，一定の条件を満たした食品を「保健機能食品」と称することを認める保健機能食品制度がある．

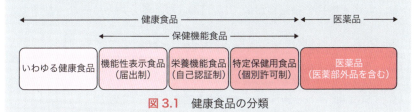

図 3.1　健康食品の分類

なかでとくに著しい毒性をもつものを「**特定毒物**」と分類し，特別な規制がおこなわれている．学術研究のために「特定毒物」を製造もしくは使用する場合は，許可を受ける必要がある．

「毒物」のラベルには「**医薬用外毒物**」，「劇物」には「**医薬用外劇物**」の表示と，それぞれの危険性を警告する「**シンボルマーク**」が添付されている（図3.2）．「普通物」には毒劇法による表示はなく，毒性を警告するシンボルマークもついていないが，発がん性などを警告するマークがついている物質がある．

**図 3.2** 毒物，劇物，発がん性物質につけられるラベルマーク

● **毒性の評価基準**

では，毒性の強さはどのように定義するのであろうか．「毒劇法」において，「毒物」「劇物」を定める基準になる数値として **LD$_{50}$** や **LC$_{50}$** が用いられる．LD$_{50}$ は半数致死量（50% lethal dose）の意味であり，数値が小さいほど，化学物質の急性毒性が強い（表3.2）．気体の場合は LC$_{50}$ が用いられるが，半数致死濃度（50% lethal concentration）を意味する．また，急性中毒性の強さを表す別の用語として最小致死量や最小致死濃度を示す **LDLo** や **LCLo** も定義されている（表3.3）．これらの定義も表3.2および表3.3にまとめた．なお，毒物と劇物の指定においては，LD$_{50}$ による分類とは異なる基準で定

**表 3.2** LD$_{50}$ と LC$_{50}$ の定義

| | |
|---|---|
| LD$_{50}$ | 50% lethal dose（半数致死量，50%致死量）<br>検査に用いた実験動物のほぼ半数が死亡する体重1kgあたりの最小量 (mg/kg) |
| LC$_{50}$ | 50% lethal concentration（半数致死濃度，50%致死濃度）<br>検査に用いた実験動物のほぼ半数が死亡するガス濃度 (ppm, mg/L, など) |

3.1 毒作用とその種類 71

**表 3.3** LDLo と LCLo の定義

| |
|---|
| LDLo：lowest published lethal dose（最小致死量）<br>　　　吸入以外の経路で侵入して死亡させる最小量 |
| LCLo：lowest published lethal concentration（最小致死濃度）<br>　　　吸入の経路で侵入して死亡させる最小濃度 |

められることもあるので留意する．

　有毒物質は基本的に動物実験でのデータである急性毒性の $LD_{50}$ 値，$LC_{50}$ 値を基準として定義されている．使用中に誤って有害物質が体内に摂取された場合，人体に悪影響が現れる程度は物質の侵入経路によって違いがあることから，毒物および劇物を定義するための $LD_{50}$ 値は経口 $LD_{50}$ 値，経皮 $LD_{50}$ 値，吸入 $LD_{50}$ 値(経気道)のそれぞれについて定められている(表 3.4)．

◆ **コラム** ◆

### 天然のフグ毒

　自然環境のなかには，毒となる化合物が少なからず存在することにも留意しよう．寒くなると，フグ鍋が食べたくなる人も多いだろう．天然のフグの肝臓や卵巣に含まれていることで有名な毒に，テトロドトキシンがある．ごく微量で神経系伝達系を遮断し，生物を死に至らしめるが，その化学構造は 1964 年に名古屋大学の平田義正教授らにより解明され，1972 年にはハーバード大学の岸 義人教授らによる人工合成も達成されている．

テトロドトキシン

　$LD_{50}$ 値（経口マウス）は 9 μg/kg とされ，毒性はきわめて強い．養殖フグはテトロドトキシンをもたないことがわかっているが，興味ある実験として，いけすで泳いでいる 5 匹の養殖フグのなかに 1 匹の天然フグを混ぜて生活させると，しばらくしてすべてのフグがテトロドトキシンをもつようになる．実際，フグ以外にもテトロドトキシンをもつ生物はアカハライモリをはじめ，いくつも発見されており，どのようにして毒が蓄積されるのかは依然として謎であり，さらなる研究が進められている．

72　☠　第3章　毒性のある化学物質

**表3.4**　毒物及び劇物取締法(毒劇法)による有毒物質の判定基準

| | |
|---|---|
| 毒物 | 経口 $LD_{50}$ 値：50 mg/kg 以下 |
| | 経皮 $LD_{50}$ 値：200 mg/kg 以下 |
| | 吸入 $LC_{50}$ 値：ガス 500 ppm (4 h) 以下，蒸気 2.0 mg/L (4h) 以下，ダスト，ミスト 0.5 mg/L (4 h) 以下 |
| 劇物 | 経口 $LD_{50}$ 値：50 ～ 300 mg/kg 以下 |
| | 経皮 $LD_{50}$ 値：200 ～ 1,000 mg/kg 以下 |
| | 吸入 $LC_{50}$ 値：ガス 500 ～ 2500 ppm (4 h) 以下，蒸気 2.0 ～ 10 mg/L (4h) 以下，ダスト，ミスト 0.5 ～ 1.0 mg/L (4 h) 以下 |

## 3.2　毒物と特定毒物

　表3.5 に毒劇法によって区分されている毒物の例を示す．シアン化ナトリウムの $LD_{50}$ 値は 5 mg/kg であり，際立って小さい．たとえば，ニッケルカルボニル〔$Ni(CO)_4$〕は工業用のカルボニル化反応の触媒として使用されることがあるが，漏れると壁土のようなにおいがする．常温で液体だが，その沸点は 43 ℃と低く，きわめて毒性が強い．一方で，空気と接触すると分解することから，その状況で危険性は異なる．

　トリブチルアミンの経口 $LD_{50}$ 値は 421 mg/kg であり，この値では毒物ではないが，ウサギに対して経皮 $LD_{50}$ 値は 195 mg/kg となり，ぎりぎり毒物の範疇に入る．ヒ素はモルモットに対して経皮 $LD_{50}$ 値は 300 mg/kg だが，腹腔 $LD_{50}$ 値は 10 mg/kg であり，毒物に分類される．さまざまなヒ素化合物が毒性をもっている．水銀蒸気は蛍光灯に使用されてきたが，毒性が高い．また，化学工場からの水銀排水に起因する公害の例として熊本県の水俣病が知られるが，近隣住民がメチル水銀を蓄積した魚を食べたことで脳神経へ毒作用が及んだ結果とされている．メチル水銀以外にも多くの毒性をもつ有機水銀化合物が知られている．

　なお，表3.5 に示されている毒物はあくまでも毒劇法によって区分されている毒物ということで，一般的に流通するわけではないフグ毒のテトロドトキシンなどは，$LD_{50}$ 値がきわめて小さいにもかかわらず含まれていない．一方で，比較的 $LD_{50}$ 値が大きめでも注意喚起のために毒物に分類されてい

## 3.2 毒物と特定毒物　73

**表 3.5**　毒物及び劇物取締法(毒劇法)の分類による毒物の例

| | |
|---|---|
| アジ化ナトリウム(45) | 水銀化合物 |
| 3-アミノ-1-プロペン | ジブチル(ジクロロ)スタンナン |
| アリルアルコール(64) | セレン |
| 塩化ベンゼンスルホニル | セレン化合物 |
| 塩化ホスホリル(36) | チオセミカルバジド(9) |
| 黄リン(3) | テトラメチルアンモニウムヒドロキシド(34) |
| クロトンアルデヒド | トリブチルアミン(421)(195, 経皮) |
| クロロ酢酸メチル | ニコチン(50) |
| 塩化ベンジル | ヒ素 |
| 三塩化リン(18) | ヒ素化合物 |
| 五塩化リン | ヒドラジン(60) |
| 三塩化ホウ素 | フッ化水素 |
| 三フッ化ホウ素 | ブロモ酢酸エチル |
| 酸化コバルト(Ⅱ) | フルオロスルホン酸 |
| ジニトロフェノール | ベンゼンチオール(46) |
| シアン化ナトリウム(5) | メタンスルホニルクロリド |
| 無機シアン化合物 | 硫化リン |
| 水銀 | ニッケルカルボニル |

カッコ内の数字は参考となる $LD_{50}$ 値(ラット, 経口, mg/kg).

るものもある.

　毒物及び劇物取締法(毒劇法)第2条にもとづき, 毒物のうちきわめて毒性が強く, 広く一般に使用されるもので危害発生の恐れが著しいものが10品目, **特定毒物**として定めており, その使用にあたっては特定毒物研究者と

**表 3.6**　毒物及び劇物取締法(毒劇法)の分類による特定毒物

| | |
|---|---|
| オクタメチルピロホスホルアミド<br>(別名シュラーダン) | ジメチルパラニトロフェニルチオホスフェイト(別名メチルパラチオン) |
| 四アルキル鉛 | テトラエチルピロホスフェイト(TEPP) |
| ジエチルパラニトロフェニルチオホスフェイト(別名パラチオン) | モノフルオール酢酸およびその塩類 |
| ジメチルエチルメルカプトエチルチオホスフェイト(別名メチルジメトン) | モノフルオール酢酸アミド |
| ジメチル-(ジエチルアミド-1-クロルクロトニル)-ホスフェイト(別名ホスファミドン) | リン化アルミニウムとその分解促進物 |

74 　☠　　第3章　毒性のある化学物質

して都道府県知事の許可を必要とする（表3.6）．これら特定毒物のうち，7種はリン化合物であり，農薬が多く含まれる．モノフルオール酢酸とそのアミド，そして四アルキル鉛が残りの3種となる．

## 3.3　劇　物

　表3.7には**毒物及び劇物取締法（毒劇法）**によって区分されている劇物の例を示した．無機化合物，有機化合物を問わず，劇物には化学実験で扱う化合物が多く含まれている．腐食性，刺激性が危険なほどに強い物質は，急性中毒性が上記の基準値よりも弱くても劇物に指定される場合がある．しかし腐食性，刺激性だけでは直接的には生命にかかわる危険はないので，腐食性，刺激性だけで毒物に指定されることはない．たとえば，アンモニアの$LD_{50}$（ラット，経口）は350 mg/kgと比較的大きいが，喉や眼といった粘膜に対する刺激性がきわめて強いので，あえて劇物に指定されている．

　毒劇法では，濃度によって区分が変わるものや，原体のみが指定されている物質もある．

---

**例**：水酸化ナトリウム　劇物＞5％（5％以下を含むものは，普通物）．
**原体**：原則として化学的純品を指し，製造過程由来の不純物が入っている場合や，純度に影響がない添加物が加えられている場合も原体とみなす．メタノール，トルエンなどは原体のみが劇物に指定されている．

---

　これら毒物や劇物に指定されていない普通物にも，劇物よりは弱いものの，急性毒性や腐食性，刺激性をもつ物質もある．したがって，普通物であっても安全だということではなく，決して油断をしてはいけない．

---

**例**：ビタミンC　$LD_{50}$（マウス，経口）
　　　　　　3367 mg/kg（普通物）
　　　クエン酸　$LD_{50}$（マウス，経口）
　　　　　　5040 mg/kg（普通物）

ビタミンC　　　クエン酸

---

3.3 劇物 75

**表 3.7** 毒物及び劇物取締法（毒劇法）の分類による劇物の例

| | |
|---|---|
| 無機亜鉛類 | 臭　素 |
| アクリルアミド | 水酸化ナトリウム（＞5%） |
| アクリル酸（＞10%） | 無機スズ塩類 |
| アクリロニトリル | 無機銅塩類 |
| アクロレイン | トルイジン |
| 亜硝酸塩類 | トルエン |
| アニリン | $p$-トルエンスルホン酸（＞5%） |
| 2-アミノエタノール | ナトリウム |
| $N$-アルキルアニリン | 鉛化合物 |
| $N$-アルキルトルイジン | ニトロベンゼン |
| アンチモン化合物 | 二硫化炭素 |
| アンモニア（＞10%） | 発煙硫酸 |
| エチレンオキシド | バリウム化合物 |
| エチレンクロルヒドリン | ピクリン酸 |
| エピクロルヒドリン | ヒドラジン一水和物 |
| 塩化水素（＞10%） | ヒドロキシルアミン |
| 塩化チオニル | ヒドロキシルアミン塩類 |
| 過酸化水素（＞6%） | フェニレンジアミンおよびその塩類 |
| カリウム | フェノール（＞5%） |
| ギ　酸 | フッ化アンモニウム |
| キシレン | フッ化ナトリウム（＞6%） |
| キノリン | ブロムアセトン |
| 無機金塩類 | ブロムエチル |
| 無機銀塩類 | ブロム水素 |
| クレゾール | ベンゾイルクロライド（＞0.05%） |
| クロム酸塩類 | ホルムアルデヒド（＞1%） |
| クロロホルム | 無水クロム酸 |
| 酢酸エチル | 無水酢酸 |
| 三塩化アルミニウム | メタクリル酸（＞25%） |
| 三塩化チタン | メタノール |
| 有機シアン化合物 | メタンスルホン酸（＞0.5%） |
| 四塩化炭素 | メチルエチルケトン |
| ジクロロ酢酸 | モノクロル酢酸 |
| ジメチル硫酸 | ヨウ化水素 |
| 重クロム酸 | ヨウ化メチル |
| 重クロム酸塩 | ヨウ素 |
| 硝酸（＞10%） | 硫　酸（＞10%） |
| 水酸化カリウム（＞5%） | 硫化リン |

76    第3章　毒性のある化学物質

## 3.4　薬物（毒薬，劇薬，指定薬物）

　**医薬品医療機器等法**によって，毒薬，劇薬，指定薬物などについて必要な規制がおこなわれている．このうち毒薬と劇薬は，毒劇法の毒物，劇物とは異なり，病気の診断や治療に使用するものをいう．指定薬物は，一般には危険ドラッグとよばれ，化学の合成実験でも使用する物質などが該当している場合がある．大学などでは研究に使用できるが，指定薬物経由で麻薬になる物質が多いため，厳重に管理する必要がある．

---

　**例**：よく使用される指定薬物：亜硝酸エステル（ブチル，*iso-*ブチル，*iso-*プロピル，*tert-*ブチル，*iso-*アミルなど），一酸化二窒素（亜酸化窒素），インダン-2-アミンおよびその塩類，ジフェニル（ピロリジン-2-イル）メタノールおよびその塩類，2-(ジフェニルメチル)ピロリジンおよびその塩類など

---

## 3.5　発がん性物質

　「**毒物**」，「**劇物**」の表示は急性毒性，強い腐食性，刺激性についての警告といえるが，生殖毒性や発がん性は晩発的な危険性であり，「毒物」や「劇物」の表示がついていなくても，生殖毒性や強い発がん性をもつ物質があることから，取り扱いには十分に注意する必要がある．**試薬のラベルには生殖毒性や発がん性を警告するシンボルマークが表示として用いられている**ので，見落とさないよう注意する．

---

　**例**：四塩化炭素　　$LD_{50}$（ラット，経口）2350 mg/kg
　　　　　　　　　　GHS 区分では急性毒性は区分外
　　　　　　　　　　発がん性：区分2　　　生殖毒性：区分2

---

### ● 発がん性物質

　発がん性物質とは，がんを誘発させるか，またはその発生率を高める物

3.5　発がん性物質　77

**表3.8**　発がん性物質の研究機関による分類と健康有害マーク

| 日本産業衛生学会<br>許容濃度委員会 | IARC | GHS | 健康有害性<br>マーク |
|---|---|---|---|
| 第1群<br>ヒトに対して発がん性<br>があると判断できる | Group 1 | 区分 1A | ☠ |
| 第2群A<br>ヒトに対しておそらく<br>発がん性があると判断<br>できる（動物実験からの<br>証拠が十分である） | Group 2A | 区分 1B | ☠ |
| 第2群B<br>ヒトに対しておそらく<br>発がん性があると判断<br>できる（動物実験からの<br>証拠が十分でない） | Group 2B | 区分 2 | ❗ |

質をいう．化学物質だけではなく，放射線などの物理的作用にも発がん性の危険がある．国際がん研究機関（International Agency for Research on Cancer；IARC）が公表している分類を参考にして，日本産業衛生学会が発がん性物質の分類を公表している（表3.8）．

　表3.8では発がん性の危険が指摘されている化学物質，物理的作用の例を示したが，すべてを網羅しておらず，現時点で危険が指摘されているものの一部を示しているにすぎない（表3.9）．検証が進むにつれ新たに危険なものが追加されることや，危険の区分の変更があることに留意しなくてはいけない．

● **特定化学物質と有機溶剤**

　労働安全衛生法のもとに，化学物質による健康障害を防止するために**特定化学物質障害予防規則**（**特化則**）や**有機溶剤中毒予防規則**（**有機則**）などの諸規則が定められている．前者は特定化学物質によるがんや皮膚炎，神経障害などを予防するため，後者は有機溶剤による急性中毒や慢性中毒などを予防するための規則である．これらの規則に関する用語を表3.10にまとめた．特定化学物質障害予防規則において，事業者により選任された特定化学物質作

78　第 3 章　毒性のある化学物質

**表 3.9**　発がん性の危険がある化学物質および物理作用の例

| 分　類[1] | 例　化合物名 |
| --- | --- |
| **第 1 群**<br>ヒトに対して発がん性があると判断できる | 塩化ビニル，酸化エチレン，クロム化合物(6 価)，コールタール，石綿，ヒ素および無機ヒ素化合物，カドミウムおよびカドミウム化合物，4-アミノビフェニル，ニッケル化合物，2-ナフチルアミン，ベンゼン，1,3-ブタジエン，トリクロロエチレン，ポリ塩化ビフェニル類(PCB)，o-トルイジン，ベリリウムおよびベリリウム化合物，電離放射線 |
| **第 2 群 A**<br>ヒトに対しておそらく発がん性があると判断できる(動物実験からの証拠が十分である) | アクリロニトリル，アクリルアミド，ホルムアルデヒド，ブロモエチレン，スチレンオキシド，硫酸ジメチル，硫酸ジエチル，ジクロロメタン，ヒドラジン，塩化ベンジル，N,N-ジメチルホルムアミド |
| **第 2 群 B**<br>ヒトに対しておそらく発がん性があると判断できる(動物実験からの証拠が十分でない) | アクリル酸エチル，アクリル酸メチル，鉛および鉛化合物(アルキル鉛を除く)，四塩化炭素，1,2-ジクロロエタン，アセトアルデヒド，クロロホルム，1,3-ジクロロプロペン，1,4-ジオキサン，p-クロロアニリン，メチル水銀化合物，スチレン，2-ニトロプロパン，テトラクロロエチレン，テトラヒドロフラン，ピリジン，高周波電磁界，超低周波電磁界 |

1) 分類は，産業衛生学雑誌，**63**，179 (2021)による．

業主任者は，(i) 作業に従事する労働者が特定化学物質により汚染され，またはこれらを吸入しないように作業の方法を決定し，労働者を指揮すること，(ii) 局所排気装置，プッシュプル型換気装置，除じん装置，排ガス処理装置，排液処理装置その他労働者が健康障害を受けることを予防するための装置を，1 か月を超えない期間ごとに点検すること，(iii) 保護具の使用状況を監視すること，(iv) タンクの内部において特別有機溶剤業務に労働者が従事するときは，第三十八条の八において準用する有機則第二十六条各号に定める措置が講じられていることを確認すること，を職務として定めている．

　**特定化学物質**は，三つに分類されており，がんなどの慢性障害を引き起こす物質のうち，とくに有害性が高く，製造工程でとくに厳重な管理(製造許可)

3.5　発がん性物質　79

表 3.10　特定化学物質と有機溶剤

| 特定化学物質 | 特定化学物質障害予防規則によって，第一類から第三類に分類される |
|---|---|
| 第一類物質 | がんなどの慢性および遅発性障害を引き起こす物質．製造には許可が必要 |
| 第二類物質 | 第二類物質は，さらにオーラミンなど，特定第二類，特別有機溶剤，管理第二類に区分される |
| 　オーラミンなど | 尿路系にがんなどの腫瘍を発生させるおそれがある物質 |
| 　特定第二類物質 | 第三類物質同様，漏洩に注意を要する物質 |
| 　特別有機溶剤など | 有機則が準用される物質 |
| 　管理第二類物質 | 第二類物質のうち，オーラミンなど，特定第二類，特別有機溶剤以外の物質 |
| 第三類物質 | 大量の漏洩によって急性中毒を引き起こすため，漏洩防止措置が必要 |
| 特別管理物質 | 特定化学物質第一類，第二類のうち，発がん性物質またはその疑いのある物質．作業記録の 30 年保管などが必要 |
| 有機溶剤 | 有機溶剤中毒予防規則によって，第一種から第三種に分類される．第一種のほうが有害危険性が高い |
| 作業環境測定 | 特定化学物質第一類，特定化学物質第二類，第一種有機溶剤，第二種有機溶剤で作業環境測定を年 2 回実施．鉛中毒予防規則，石綿障害予防規則，粉じん障害予防規則により，鉛，石綿，粉じんが測定対象になっている |

を必要とする**第一類物質**，がんなどの慢性障害を引き起こす物質のうち，第一類物質に該当しないものを**第二類物質**，そして大量漏洩により急性中毒を引き起こす物質を**第三類物質**としている(巻末の付表 3 を参照)．

　新たに危険有害性が明らかになった化学物質への対応として，「労働安全衛生法」施行令の一部を改正する政令，「特定化学物質障害予防規則」や「労働安全衛生規則」の一部を改正する省令の公布および施行が随時おこなわれている．たとえば，2012 年にエチルベンゼンが特定化学物質第二類に規制され，さらに印刷事業場での胆管がんの発症により 1,2-ジクロロプロパンが特定化学物質第二類に追加され，顔料製造工場での膀胱がんの発症により o-トルイジンが特定化学物質第二類に追加された．また，10 種類の有機溶剤(クロロホルム，四塩化炭素，1,4-ジオキサン，1,2-ジクロロエタン，ジクロロメタン，スチレン，1,1,2,2-テトラクロロエタン，テトラクロロエチレン，トリクロロエチレン，メチルイソブチルケトン) に発がん性があるとして特定

80 第3章 毒性のある化学物質

化学物質第二類に変更され，有機則が準用される「特別有機溶剤」に指定された．2017年には，三酸化二アンチモンが特定化学物質第二類に指定された．

表3.10に示したように特定化学物質は第一類から第三類まで定められ，第一類と第二類はがんなどの慢性および遅発性障害を引き起こし，第三類および特定第二類は大量漏洩によって急性障害を引き起こす．第二類物質は，オーラミンなど，特定第二類，特別有機溶剤，管理第二類に区分される．第一類物質と第二類物質のうち，がん原性物質またはその疑いのある物質については特別管理物質として名称，注意事項などの掲示の実施，空気中の濃度の測定結果，労働者の作業状況や健康診断記録などを30年間保存することが求められている．

**有機溶剤中毒予防規則は，有機溶剤による中毒を防止することを目的に定められている．**最近では，有機溶剤であった物質（クロロホルム，四塩化炭素，1,4-ジオキサン，ジクロロメタンなど）が特定化学物質に指定され，特別有機溶剤とよばれるようになった（巻末の付表4を参照）．有機溶剤の消費量が許容消費量未満の場合には，除外申請することができる．許容量は表3.11中の式で求めることができる．

表 3.11 有機溶剤の区分と許容消費量

| 有機溶剤の区分 | 有機溶剤の許容消費量 $W$ (g) |
|---|---|
| 第一種有機溶剤など | $W = 1/15 \times A$ |
| 第二種有機溶剤など | $W = 2/15 \times A$ |
| 第三種有機溶剤など | $W = 3/2 \times A$ |

$A$：作業場の気積 (m³)（床面から4mを超える空間を除く．気積が150m³を超える場合は150m³とする）．

**労働安全衛生法**のもとには，特化則と有機則以外にも，鉛則，石綿則，粉じん則などが定められており，同様に作業環境測定が義務づけられている．なお，作業環境測定で第3管理区分や第2管理区分となった場合には，作業環境を改善することが必要になる（表3.12）．また，労働基準法の女性労働基準規則（女性則）では，母性保護のため，女性労働者の就業が禁止される場合が2例ある．① 妊娠や出産・授乳に影響がある物質が作業環境測定で

3.6 毒性表示と保管管理 81

表3.12 作業環境測定の管理区分と対応

| 管理区分 | 作業場所の状態 | 対 応 |
|---|---|---|
| 第1管理区分 | 作業場所のほとんどで気中の有害物質の濃度が管理濃度を超えない状態 | 現状を維持するように努める |
| 第2管理区分 | 作業場所の気中の有害物質の濃度の平均が，管理濃度を超えない状態 | 作業環境を改善するように，必要な措置を講じる |
| 第3管理区分 | 作業場所の気中の有害物質の濃度の平均が，管理濃度を超える状態 | ただちに作業環境を改善するように，必要な措置を講じる |

第3管理区分に区分された場合，および，② タンク内や船倉内などで26の対象物質（表記載以外の化合物として「鉛およびその化合物」が鉛中毒予防規則によって定められている）を取り扱う業務で，呼吸用保護具の使用が義務づけられている業務についても，女性労働者の就業が禁止されている．

　これらの化合物はドラフト内で取り扱い，保護具(手袋，メガネ)を着用し，暴露，拡散を防止する．ドラフトは適正な風量(特化則：0.5 m/秒，有機則：0.4 m/秒)が得られるような前面扉の開度で使用する必要がある．

● 生殖毒性物質

　**生殖毒性**とは成体の性機能，生殖能を阻害するあらゆる影響および正常な発生を妨害するあらゆる影響をいう．GHSによる生殖毒性についての区分と化合物の例を表3.13に示す．

## 3.6　毒性表示と保管管理
### 3.6.1　毒性表示と法律による表示義務
● 毒性表示

　表3.14に示したように「医薬用外化学物質」の毒性の表示は，$LD_{50}$値に加え実験動物と投与の方法を明記する．

　**GHS**（globally harmonized system of classification and labeling of chemicals）は急性毒性について経口$LD_{50}$値を用いた五つの区分に分けられている．GHSによる注意喚起の表示マークを，区分番号とともに表3.15に示す．

82 　第3章　毒性のある化学物質

**表3.13　生殖毒性物質の区分（GHS）と化合物例**

| GHSの生殖毒性についての区分 | 化　合　物 |
| --- | --- |
| **区分1A**<br>ヒトの性機能，生殖能，子の発生に悪影響を及ぼすことが知られている物質 | ポリ塩化ビフェニル（PCB），一酸化炭素，エチレングリコールモノメチルエーテルアセテート，トルエン，2-ブロモプロパン，水銀，鉛，ヒ素 |
| **区分1B**<br>ヒトの性機能，生殖能，子の発生に悪影響を及ぼすと推定される物質 | マンガン，アクリルアミド，*N,N*-ジメチルホルムアミド，エチレングリコールモノエチルエーテルアセテート，エチレングリコールモノエチルエーテル，クロロメタン，メタノール，スチレン，トリクロロエチレン，フェノール，キシレン，フタル酸ジ-2-エチルヘキシル，エチレングリコールモノメチルエーテル，エチレンオキシド，二硫化炭素，ペンタクロロフェノール，アクリルアミド，エチルベンゼン，*N,N*-ジエチルアセトアミド |
| **区分2**<br>ヒトに対して生殖／発生毒性が疑われる物質 | ヘキサン，ベンゼン，*p*-ジクロロベンゼン，1-ブロモプロパン，五酸化バナジウム，エチレンイミン，テトラクロロエチレン，クロロジフルオロメタン |
| **区分外**<br>ヒトに対して生殖／発生毒性がないことが明らかである物質 | |

**表3.14　医薬用外化学物質の毒性の表示例**

| 毒　物 | シアン化水素 | $LD_{50}$（ラット，経口） | 3.7 mg/kg |
| --- | --- | --- | --- |
| | | $LD_{50}$（ラット，吸入） | 484 ppm/5 min |
| 劇　物 | アニリン | $LD_{50}$（ラット，経口） | 250 mg/kg |
| | | $LD_{50}$（ラット，経皮） | 1400 mg/kg |

● **保管場所での表示**

　毒物および劇物の保管場所には，医薬用外毒物，医薬用外劇物と表示する．また，毒劇物を異なる容器に移し替える場合には，絶対に飲食物の容器を使用してはならない．移し変えた場合にも，医薬用外毒物と表示しなければならない（図3.3）．

　有機溶剤を屋内作業場で取扱う場所には，**有機溶剤などの区分（第一種：赤，第二種：黄，第三種：青）**を表示しなければならない（図3.4）．また，

3.6 毒性表示と保管管理　83

**表 3.15** GHS による急性毒性についての区分と注意喚起の表示マーク

| GHS の急性毒性についての区分 | 経口 $LD_{50}$ 値（mg/kg） | 注意喚起の表示マーク | 毒劇法での区分 |
|---|---|---|---|
| 区分 1 | 5 以下 |  ☠ | 毒物 |
| 区分 2 | 5 〜 50 |  ☠ | 毒物 |
| 区分 3 | 50 〜 300 |  ☠ | 劇物 |
| 区分 4 | 300 〜 2000 |  ！ | 普通物 |
| 区分 5 | 2000 〜 5000 | なし | 普通物 |

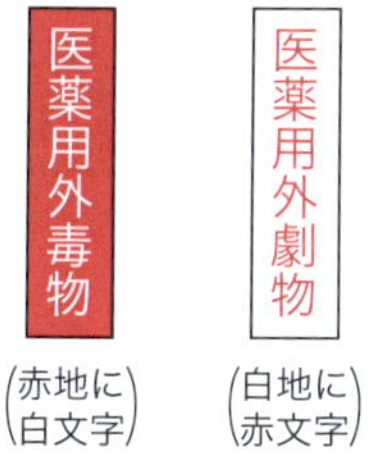

医薬用外毒物　医薬用外劇物
（赤地に白文字）（白地に赤文字）

**図 3.3** 毒劇物の表示

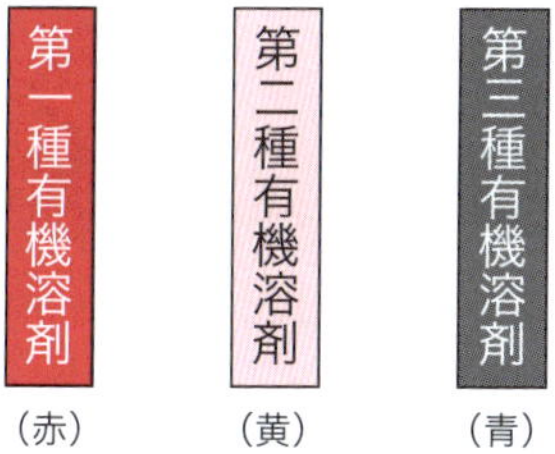

第一種有機溶剤　第二種有機溶剤　第三種有機溶剤
（赤）　（黄）　（青）

**図 3.4** 有機溶剤の区分表示

**使用時の注意事項を掲示**しなければならない（図 3.5）.

　また，特別管理物質などは，物質ごとに注意する情報（名称，人体に及ぼす作用，取扱い上の注意事項，保護具，応急措置）を掲示しなければならない（p.85 の表 3.16）.

### 3.6.2　薬品の保管および薬品管理システムの利用

● 毒物と劇物の保管

　毒物，劇物は密栓した容器に入れ，内容物を容器に明記し，施錠した薬品棚に保管しておく．保管庫の鍵も厳密に管理する必要がある．使用した際に

84　　第 3 章　毒性のある化学物質

---

**有機溶剤等使用の注意事項（有機溶剤中毒予防規則の規定による掲示すべき内容）**

1．有機溶剤の人体に及ぼす作用
【おもな症状】
　（1）頭痛　　（2）倦怠感　　（3）めまい　　（4）貧血　　（5）肝臓障害
2．有機溶剤などの取り扱い上の注意事項
　（1）有機溶剤を入れた容器で使用中でないものには，必ず，ふたをすること
　（2）当日の作業に直接必要のある量以外の有機溶剤などを作業場にもち込まないこと
　（3）できるだけ風上で作業をおこない，有機溶剤の蒸気の吸入を避けること
　（4）できるだけ有機溶剤などが皮膚に触れないようにすること
3．有機溶剤による中毒が発生したときの応急措置
　（1）中毒にかかった者をただちに通風のよい場所に移し，速やかに衛生管理者やその他の衛
　　　生管理を担当する者に連絡すること
　（2）中毒にかかった者を横向きに寝かせ，気道を確保した状態で，身体の保温に努めること
　（3）中毒にかかった者が意識を失っている場合は，消防機関への通報をおこなうこと
　（4）中毒にかかった者の呼吸が止まった場合や正常でない場合は，速やかに仰向きにして心
　　　肺蘇生をおこなうこと

**図 3.5**　有機溶剤使用場所での表示

は必ず，備えつけの使用簿に**使用者，使用日時，使用量**を記録しておく．ま
た万一，盗難，紛失した際や漏洩などがあった場合には，すぐに研究室の責
任者に届ける．

　そのほか，薬品の保管は，地震などで割れるのを防ぐため保護ネットに入
れたり，万が一の液漏れに備えトレイを敷いておいたりするなどの工夫して
おく必要がある．もちろん，混合危険に配慮して保管する必要がある．

## ● 薬品管理システムの利用

　毒物および劇物は使用簿に記録する必要があるが，最近では薬品管理シス
テムを利用し，使用履歴を残すことができる．薬品管理システムの利用は研
究室の薬品をすべて登録することで，在庫検索が容易になるばかりか，消防
法の指定数量の算出や法改正に対する対応などが簡単におこなえるようにな
る．大学の調査などにも，簡単に対応できるようになるため，全学で導入し
たいシステムである．

　特別管理物質なども，作業記録を使用の都度記録する必要がある．作業記
録は 30 年の長期間にわたり保存しなければならないため，薬品管理システ
ムを利用し履歴を残すのが望ましい．

## 3.7 環境に負荷を与える化学物質　85

**表 3.16**　特化則の特別管理物質の掲示例

| 名　称 | クロロホルム |
|---|---|
| 人体に及ぼす作用 | ・飲み込むと有害(経口)<br>・重篤な皮膚の薬傷，重篤な眼の損傷<br>・遺伝子疾患の恐れの疑い<br>・発がんの恐れの疑い<br>・肝臓，腎臓への障害<br>・呼吸器への刺激の恐れ，または眠気またはめまいの恐れ<br>・長期または反復暴露による中枢神経系，腎臓，肝臓，呼吸器の障害の恐れ |
| 取り扱い上の注意 | ・使用前に取扱説明書を入手し，すべての安全注意を読み，理解するまで取り扱わないこと<br>・この製品を使用するときに，飲食または喫煙をしないこと<br>・屋外または換気のよい場所でのみ使用すること<br>・粉じん，煙，ガス，ミスト，蒸気，スプレーを吸入しないこと<br>・取り扱い後はよく手を洗うこと |
| 保護具 | ・呼吸用保護具(有機ガス用防毒マスク)を使用すること<br>・保護手袋(テフロン製)を使用すること<br>・保護眼鏡(普通眼鏡型，側板つき普通眼鏡型，ゴーグル型)を使用すること |
| 応急措置 | ・消火方法：この製品自体は燃焼しない．この物質を巻き込んだ周辺火災に適切な消火剤を使用すること<br>・吸入した場合：被災者を新鮮な空気の場所に移動させ安静にし，必要に応じて人工呼吸や酸素吸入をおこなうこと．医師の診断，手当てを受けること<br>・皮膚についた場合：汚染された衣類等を脱ぎ，ただちに水または微温湯と石鹸で洗い落とすこと．外観に変化が見られたり，痛みが続く場合は，ただちに医師の診断，手当てを受けること<br>・目に入った場合：ただちに清浄な水で最低 15 分間，注意深く洗うこと．瞼を指でよく開いて，眼球，瞼の隅々まで水が行き渡るように洗うこと．ただちに医師の診断，手当てを受けること<br>・飲み込んだ場合：無理に吐かせない．揮発性液体のため，吐き出させると肺への吸引などの危険が増す．水で口のなかを洗浄し，ただちに医師の処置を受けること．意識のない場合は，口から何も与えてはならない |

## 3.7　環境に負荷を与える化学物質

### ● ハロゲン化炭化水素類

　ハロゲン化炭化水素類には発がん性の危険性をもつ物質が多く知られる．その使用にあたっては，化学物質安全性データシート（SDS）を調べ，くれぐれも安全には配慮して扱う必要がある．表 3.17 にトリクレンについてのSDS を例示した．

86　☠　第3章　毒性のある化学物質

**表3.17**　トリクレン(トリクロロエチレン)の SDS の例

| トリクレンの SDS | |
|---|---|
| **健康に対する有害性** | |
| 急性毒性(吸入：蒸気) | 区分 4 |
| 皮膚腐食性，刺激性 | 区分 2 |
| 眼に対する重篤な損傷，眼刺激性 | 区分 2A |
| 生殖細胞変異原性 | 区分 2 |
| 発がん性 | 区分 1B |
| 生殖毒性 | 区分 1B |
| **環境に対する有害性** | |
| 水生環境急性有害性 | 区分 2 |
| 水生環境慢性有害性 | 区分 2 |
| **注意喚起語：危険** | |
| **危険有害情報** | |
| 吸入すると有害(蒸気) | |
| 皮膚刺激 | |
| 強い眼刺激 | |
| 遺伝子疾患の恐れの疑い | |
| 発がん性の恐れ | |
| 生殖能または胎児への悪影響の恐れ | |
| 眠気またはめまいの恐れ | |
| 呼吸器への刺激の恐れ | |
| 長期または反復暴露による中枢神経系の障害 | |
| 飲み込み，気道に侵入すると有害の恐れ | |
| 水生生物に毒性 | |
| 長期的影響による水生生物に毒性 | |

　また，ハロゲン化炭化水素類は外部に排出すると深刻な環境汚染が発生する恐れがあることから，使用後は全量を回収して適切に廃棄処理をしなくてはいけない．**環境汚染の防止は化学物質を使う者の大切な責務**である．たとえば，有害な塩素化合物として知られるジクロロメタンについては，その沸点は低いが，比重が大きく，地下水や河川の底などにたまりやすいことから，定期的に汚染調査がおこなわれている．表3.18に示したように，各種ハロゲン化炭化水素については公共用水域への排出基準と水道水の水質基準が定められている．たとえば，ジクロロメタンの排出基準は 0.2 mg/L であり，水道水の水質基準は 0.02 mg/L とされており，四塩化炭素の場合はジクロロメタンよりさらに一桁低い値が設定されている．

3.7 環境に負荷を与える化学物質　87

表 3.18　ハロゲン化炭化水素と排出基準

| ハロゲン化炭化水素 | 排出基準(mg/L) |
|---|---|
| クロロホルム($CHCl_3$) | なし |
| ブロモジクロロメタン($CHBrCl_2$) | なし |
| ジブロモクロロメタン($CHBr_2Cl$) | なし |
| ブロモホルム($CHBr_3$) | なし |
| 四塩化炭素($CCl_4$) | 0.02 |
| ジクロロメタン($CH_2Cl_2$) | 0.2 |
| 1,2-ジクロロエタン($ClCH_2CH_2Cl$) | 0.04 |
| 1,1-ジクロロエチレン($Cl_2C{=}CH_2$) | 1 |
| 1,2-ジクロロエチレン($CHCl{=}CHCl$) | 0.4 (*cis* 体) |
| 1,3-ジクロロプロペン($ClCH{=}CHCH_2Cl$) | 0.02 |
| 1,1,1-トリクロロエタン($Cl_3CCH_3$) | 3 |
| 1,1,2-トリクロロエタン($Cl_2CHCH_2Cl$) | 0.06 |
| トリクロロエチレン(トリクレン, $CHCl{=}CCl_2$) | 0.3 |
| テトラクロロエチレン($CCl_2{=}CCl_2$) | 0.1 |

● **オゾン層を破壊する物質**

　ハロン類，フロン類は大気中に放出されるとオゾン層に到達して，オゾン($O_3$)を分解しオゾンの量が減少する（表 3.19）．オゾンは 320 nm より短い波長の紫外線を吸収（オゾンは $O_2$ と O に解離する）するので，オゾンは皮膚がんや白内障を引き起こす有害な紫外線が地表に到達するのを防ぐバリヤーといえる．しかし，オゾンが破壊され，オゾン量が減少すると有害な UV-B（315 ～ 280 nm），UV-C（280 nm 未満）が地表に到達する量が増える．

表 3.19　ハロン類とフロン類

| | |
|---|---|
| ハロン類 | ハロン1211　$CBrClF_2$，ハロン1301　$CBrF_3$，ハロン2402　$CBrF_2CBrF_2$ |
| フロン類 | フロン11　$CCl_3F$，フロン12　$CCl_2F_2$，フロン22　$CHClF_2$，<br>フロン113　$CCl_2FCClF_2$，フロン115　$CClF_2CF_3$，フロン114　$CClF_2CClF_2$ |

● **許容濃度の考え方**

　日本産業衛生学会は職場での環境要因による作業者の健康被害を防ぐための手引きとして，有害物質の許容濃度，生物学的許容値，騒音，高温，寒冷，体の振動などの許容基準を勧告している．**許容濃度**(threshold limit value；

88　　第 3 章　毒性のある化学物質

表 3.20　許容濃度の分類

| 時間荷重平均(TLV-TWA time weighted average) | 通常，1 日 8 時間の作業または週 40 時間の作業を基準とした暴露限界値 |
|---|---|
| 短時間暴露限界(TLV-STEL short-term exposure limit) | 1 日のどの 15 分間の時間荷重平均も，この数値を超えてはならない |
| 天井値(TLV-C ceiling limit) | 瞬間的にも超えてはならない濃度 |

TLV) とは，作業者が毎日繰り返し暴露されても有害な影響を受けることはないとされる化学物質の空気中の濃度であり，表 3.20 に示した三つのカテゴリーがある．表 3.21 には許容濃度の例を示した．なお，勧告値は一般的な目安であって，身体への影響には個人差があることにも留意する．

◆ コラム ◆

## 水俣病から水俣条約へ

　高度成長期の時代は公害が頻繁に起こった結果，これを克服しなければならない時代でもあった．熊本県の水俣湾で化学会社が海に排出した水銀化合物が，魚に蓄積した．当時アセチレンからアセトアルデヒドを製造する際に，水銀触媒を用いたことに起因している．水俣湾で水銀汚染が起こった結果，水銀に汚染された魚を食することとなった人びとが神経系の重い病気になった．「水俣病」とよばれたこの病気が認識されるようになったのは，1956 年のことである．

　水俣病の化学工場による水銀汚染との因果関係を巡っては客観的な立場に立つべき学者も「因果関係は認められない」とする立場と「水銀化合物による中毒」とする立場との学者に分かれ，長きにわたる論争が繰り広げられた．メチル水銀が原因と確定されたのは 1968 年のことである．当時，大学では学生の公害問題への関心も高く，公害研究会のようなサークル活動も活発に行われていた．

　時代は移り，水銀汚染の防止を目的として国連環境計画(UNEP)が主導した「水銀に関する水俣条約」は参加国が 50 か国に達し，2017 年 8 月 16 日に発効された．この条約に Minamata の地域名がついていることの深い意味をかみしめたいものである．

章末問題　89

表 3.21　許容濃度(TLV-TWA)の例

| 化合物 | 許容濃度 | | 化合物 | 許容濃度 | |
|---|---|---|---|---|---|
| | (ppm) | (mg/m$^3$) | | (ppm) | (mg/m$^3$) |
| アルシン(AsH$_3$) | 0.01 | 0.032 | アンモニア(NH$_3$) | 25 | 17 |
| クロロホルム(CHCl$_3$) | 3 | 14.7 | クロロメタン(CH$_3$Cl) | 50 | 100 |
| シアン化水素(HCN) | 5 | 5.5 | 四塩化炭素(CCl$_4$) | 5 | 31 |
| ジクロロメタン(CH$_2$Cl$_2$) | 50 | 173 | 臭素(Br$_2$) | 0.1 | 0.65 |
| トルエン(C$_6$H$_5$CH$_3$) | 50 | 188 | ヘキサン(C$_6$H$_{14}$) | 40 | 140 |
| メタノール(CH$_3$OH) | 200 | 260 | 硫化水素(H$_2$S) | 5 | 7 |
| 二酸化炭素(CO$_2$) | 5000 | 9000 | | | |

3章

章 末 問 題

1. 次のうち，正しい表現はどれか．
   ① 化学物質の有毒性に関する法律としては「医薬品，医療機器等の品質，有効性及び安全性の確保等に関する法律(医薬品医療機器等法)」のみが施行されている
   ②「毒物及び劇物取締法(毒劇法)」が「毒物」，「劇物」を定める基準になる数値として LD$_{50}$ がある
   ③ LD$_{50}$ の数値が大きいほど急性毒性が強い
   ④「毒物及び劇物取締法(毒劇法)」は「医薬用外化学物質」を毒性の強さによって「毒物」，「劇物」，「普通物」，そして「毒物」のなかでとくに著しい毒性をもつものを「特定毒物」と分類している
   ⑤ ①〜④すべて正しい

2. 医薬品，医療機器等の品質，有効性及び安全性の確保等に関する法律(医薬品医療機器等法)によって「医薬部外品」に分類される有効効果はどれか．
   ① 病気の診断，治療，予防のために使う物質
   ② 医薬品よりも身体に対する作用が緩和だが，身体に何らかの改善効果がある物質
   ③ 身体を清潔にし，美化するなどの目的で使用する物質
   ④ ①〜③のすべての効果をもつ

90　第3章　毒性のある化学物質

3. 毒物と劇物の保管と取り扱ううえで注意すべき点はどれか.
　　① 密栓した容器に入れ保管する
　　② 施錠した薬品庫に保管する
　　③ 使用簿を備えつけ，必要事項を記録する
　　④ 万一，紛失した時ときには管理者に届け出る
　　⑤ ①〜④のすべてを守る

4. 使用簿に記録する事項はどれか.
　　① 使用者　　② 使用日時　　③ 使用量　　④ ①〜③のすべて
　　⑤ ①〜③いずれも記録する必要はない

5. 次の物質のうち，発がんの危険性のある化合物の番号はどれか.
　　① トルエン　　② ベンゼン　　③ 塩化ビニル　　④ アセトン
　　⑤ 酢酸エチル　　⑥ コールタール　　⑦ サリチル酸
　　⑧ シクロヘキサノン

6. アジ化ナトリウムのラベルに(ラット，経口，$LD_{50} = 45\,mg/kg$)と記されていた.　アジ化ナトリウムは毒物か劇物のどちらか.　また $LD_{50}$ からどのようなことがわかるか.

7. 次の化合物は毒物，劇物，普通物のどれにあたるか.
　　① NaCN　　② $CCl_4$　　③ 食塩　　④ $SeO_2$　　⑤ 硝酸　　⑥ 亜ヒ酸
　　⑦ 水銀化合物　　⑧ シリカゲル　　⑨ 黄リン　　⑩ ニッケルカルボニル
　　⑪ ヨウ化水素　　⑫ アニリン

# 第4章 高圧ガスの危険とその安全な取り扱い

　化学系の実験では固体や液体物質のほかにも，ボンベ〔シリンダー (cylinder) ともいう．ボンベは日本だけのいい方なので注意〕に入っている窒素ガスや酸素ガス，炭酸ガスなど，あるいは極低温の実験では液体窒素(液化窒素ともいう)，液体ヘリウム (液化ヘリウム) などといった高圧ガスを頻繁に使う．高圧ガスには爆発や火災の危険のあるもの (酸素ガス，水素ガスなど) や，急性中毒の危険のあるもの (一酸化炭素，アンモニアなど) が含まれる．それに加えて，酸素ガス以外の高圧ガスには固体や液体の物質では認識されることのない危険，すなわち酸素欠乏**(酸欠)**状態を起こす危険がある．

　本章では高圧ガスの火災，毒性の危険に加えて，酸素欠乏症を発症させないためにはどのような注意をしなくてはならないのかを説明する．また，この章では事故を起こさないための正しい扱い方についても解説する．一方，高圧ガスには可燃性，支燃性，毒性，酸欠状態の発生以外にも，**高圧となったガスの力による物理的な危険**が潜んでいる．この強い力は人身事故にもつながる危険であり，実際にボンベの破裂，容器弁(ネックバルブ)の破損，付属する器具類(圧力調整器，圧力計など)の破損は生命にかかわる危険となる．したがって，このような危険を避けるための留意事項や，高圧ボンベから適正にガスを取りだして使うための，高圧ガスボンベと圧力調整器の安全な扱い方についても解説する．

## 4.1 高圧ガスの危険

### 4.1.1 高圧ガスの分類

水素，酸素，窒素など高圧ガス容器に充填されている気体や，極低温の実験で使う液体窒素，液体ヘリウムなど，専用の容器のなかで一定の圧力を超える状態で存在している物質を高圧ガスと定義する．高圧ガスの安全を管理する「高圧ガス保安法」は，**高圧ガスを圧縮ガス（圧縮アセチレンガスを含む）と液化ガス（液体窒素などの低温液化ガスを含む）に分類**している．次にその詳細を示す．なお，ガスの圧力表記にはさまざまな圧力の単位が使われている．それらを表 4.1 にまとめた．

表 4.1　圧力換算表

| 工学気圧 (kgf/cm²) | Lb/in² (psi) | 気圧 (atm) | バール (bar) | パスカル (Pa) | キロパスカル (kPa) | メガパスカル (MPa) | mmHg (Torr) |
|---|---|---|---|---|---|---|---|
| 1 | 14.223 | 0.9678 | 0.9807 | 98067 | 98.067 | 0.09807 | 735.56 |
| 0.0703 | 1 | 0.06805 | 0.06895 | 6895 | 6.895 | $6895\times10^{-3}$ | 51071 |
| 1.0332 | 14.70 | 1 | 1.0133 | 101330 | 100 | 0.10133 | 760 |
| 1.0197 | 14.50 | 0.9869 | 1 | 100000 | 100 | 0.1 | 750.06 |
| $10197\times10^{-6}$ | $0.145\times10^{-3}$ | $9.869\times10^{-6}$ | $0.01\times10^{-3}$ | 1 | 0.001 | $1\times10^{-6}$ | $7.501\times10^{-2}$ |
| $10197\times10^{-3}$ | 0.1450 | $9.869\times10^{-3}$ | 0.01 | 1000 | 1 | 0.001 | 7.501 |
| 10.197 | 145.0 | 9.869 | 10 | $1\times10^6$ | 1000 | 1 | 7501 |
| $1.3595\times10^{-3}$ | 0.01934 | $1.316\times10^{-3}$ | $1.333\times10^{-3}$ | 133.3 | 0.1333 | $133.3\times10^{-6}$ | 0.07356 |

● **充填様式と性質による分類**

（1）圧縮ガス

高圧ガス容器（ボンベ，シリンダーともいう）に圧縮された気体として充填されており，容器内部のガス圧が **1 MPa**（常温で大気圧を差し引いた圧力計が示す圧力，1 MPa は約 10 atm に相当）以上になっているものを圧縮ガスという．おもな圧縮ガスとしては水素，酸素，窒素，ヘリウム，アルゴン，一酸化炭素，一酸化窒素，メタンがある．なお，圧縮アセチレンガスは 0.2 MPa 以上の圧縮ガスである．**分解爆発性**があり，ボンベ内に詰められている充填材（多孔質のケイ酸カルシウム）に染み込ませたアセトンもしくはジメチルホルムアミドに溶かしてあり，使うときに気体として取りだすことか

ら，**溶解ガス**と見なすことができる．

### (2) 液化ガス

　加圧もしくは沸点以下に冷却されて液化した状態で容器に充填されており，容器内部で気化したガスの圧力が **0.2 MPa**（大気圧を差し引いた圧力計が示す圧力）以上になっているものを，液化ガスという．おもな液化ガス（加圧されて常温で液化している）としてはアンモニア，エタン，プロパン，ブタン，二酸化炭素，二酸化窒素，硫化水素，塩素などがある．

### (3) 低温液化ガス

　「高圧ガス保安法」では液化ガスに分類されているが，加圧圧縮されて常温でも液化しているプロパンなどとは違って，沸点以下の極低温に冷やされて液化しているものは低温液化ガスとよぶ．おもな低温液化ガスとしては，液体窒素（液化窒素ともいう，以下同じ），液体ヘリウム，液体水素，液体酸素がある．低温液化ガスはボンベではなく，**コールドエバポレーター**（cold evaporator；CE），**開放型容器**（**シーベル**ともいう）などの保冷容器に入っている．コールドエバポレーターでは内部で気化しているガスの圧力が 0.2 MPa を超えるので高圧ガスに分類されるが，シーベルに入っているものは容器の構造上，ガス圧が 0.2 MPa を超えないので，高圧ガスではない．

　一方，充填様式ではなく，性質で高圧ガスを分類することもできる．

- (i) 可燃性ガス（水素，メタン，一酸化炭素など）
- (ii) 不燃性ガス（窒素，ヘリウム，アルゴンなど）
- (iii) 支燃性ガス（酸素など）
- (iv) 毒性ガス（一酸化炭素，塩化水素，硫化水素など）

　危険性がとくに大きいガスは，高圧ガス保安協会において表 4.2 に示す 39 種類が**特殊材料ガス**として分類されている．これらには自然発火性のモノシランやジシランやホスフィンに加えて，分解爆発性のジボランなどが含まれる．

94　第4章　高圧ガスの危険とその安全な取り扱い

**表4.2**　特殊材料ガス

| 分　類 | 化合物名 |
|---|---|
| シリコン系 | モノシラン($SiH_4$)，ジクロロシラン($SiH_2Cl_2$)，三塩化シラン($SiHCl_3$)，四塩化シラン($SiCl_4$)，四フッ化ケイ素($SiF_4$)，ジシラン($Si_2H_6$) |
| ヒ素系 | アルシン($AsH_3$)，三フッ化ヒ素($AsF_3$)，五フッ化ヒ素($AsF_5$)，三塩化ヒ素($AsCl_3$)，五塩化ヒ素($AsCl_5$) |
| リン系 | ホスフィン($PH_3$)，三フッ化リン($PF_3$)，五フッ化リン($PF_5$)，三塩化リン($PCl_3$)，五塩化リン($PCl_5$)，オキシ塩化リン($POCl_3$) |
| ホウ素系 | ジボラン($B_2H_6$)，三フッ化ホウ素($BF_3$)，三塩化ホウ素($BCl_3$)，三臭化ホウ素($BBr_3$) |
| 金属水素化物 | セレン化水素($H_2Se$)，モノゲルマン($GeH_4$)，テルル化水素($H_2Te$)，スチビン($SbH_3$)，水素化スズ($SnH_4$) |
| ハロゲン化物 | 三フッ化窒素($NF_3$)，四フッ化硫黄($SF_4$)，六フッ化タングステン($WF_6$)，六フッ化モリブデン($MoF_6$)，四塩化ゲルマニウム($GeCl_4$)，四塩化スズ($SnCl_4$)，五塩化アンチモン($SbCl_5$)，六塩化タングステン($WCl_6$)，五塩化モリブデン($MoCl_5$) |
| 金属アルキル化物 | トリメチルガリウム〔$Ga(CH_3)_3$〕，トリエチルガリウム〔$Ga(C_2H_5)_3$〕，トリメチルインジウム〔$In(CH_3)_3$〕，トリエチルインジウム〔$In(C_2H_5)_3$〕 |

● **ボンベの色と刻印**

　ガスボンベの色には基本的にねずみ色が使用されているが，表4.3に示すガスのボンベには，ほかの色が使われている．なお，これは国内で用いられている色であり，海外のガスボンベとの共通性はない．また，ガスボンベには，図4.1に示す各種情報が刻印されている．

**表4.3**　ガスの種類とガスボンベの色

| ガ　ス | ガスボンベの色 | ガ　ス | ガスボンベの色 |
|---|---|---|---|
| 酸素($O_2$) | 黒色 | アンモニア($NH_3$) | 白色 |
| 水素($H_2$) | 赤色 | 塩素($Cl_2$) | 黄色 |
| 二酸化炭素($CO_2$) | 緑色 | アセチレン($C_2H_2$) | 茶褐色 |

　ボンベにはボンベについてのさまざまな情報が刻印してあることはすでに述べたが，たとえばFPとTPはそれぞれ最高充塡圧と耐圧試験値の値であり，TPの値が大きくなるのは，最高充塡圧の5/3倍の圧力でおこなうからである．

4.1 高圧ガスの危険　　95

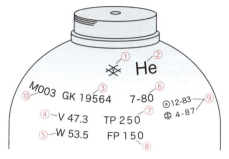

**図4.1**　ボンベの刻印
① 容器製造業者の名称またはその符号，② 充塡してあるガスの種類，③ 容器の記号および番号，④ 内容量（記号 V，単位 L），⑤ バルブおよび付属品を含まない質量（記号 W，単位 kg），アセチレン用の場合：多孔質物，バルブを加えた質量（記号 TW，単位 kg），⑥ 製造年月刻印，⑦ 耐圧試験における圧力（記号 TP，単位 kg/cm² あるいはメガパスカルで単位 M をつけて表示），⑧ 最高充塡圧力（圧縮ガスにかぎる，記号 FP，単位は TP と同じ）．
容器再検査（耐圧試験）に合格した場合には，⑨ 再検査の年月，⑩ 容器所有者登記記号番号．

● **ボンベからガスを取りだすときの注意**

　低温液化ガス以外の高圧ガスは，いずれもボンベから気体を取りだして使う．圧縮ガスと液化ガスのボンベの外見は同じである．液化ガスとアセチレンガスはボンベを立てた状態で貯蔵，使用する．圧縮アセチレン以外の圧縮ガスは，ボンベを倒して使うこともできる．また，ボンベには圧力調整器をつけて，操作をおこなうが，圧力調整器の操作方法は 4.2.2 項で詳しく述べる．表 4.4 には各種の高圧ガスの危険性をまとめた．

### 4.1.2　爆発，火災，酸素欠乏の危険
● **高圧ガスの可燃性とその危険**

　可燃性の高圧ガスについての燃焼範囲（爆発範囲）と発火点を表 4.5 に示す．燃焼範囲は発火可能な可燃性気体の空気に対する比率のことであり，可燃性気体の容量％（vol％）によって上限と下限とが表示される．**可燃性ガスのボンベには可燃性であることを表す[燃]の表示がある**（写真 4.1）．

第4章 高圧ガスの危険とその安全な取り扱い

表 4.4 高圧ガスの危険性

| ガ　ス | 可燃性 | 支燃性 | 有毒性 | 酸欠発生 |
|---|---|---|---|---|
| 水素($H_2$) | 危険 | なし | なし | 危険 |
| 窒素($N_2$) | なし | なし | なし | 危険 |
| ヘリウム(He) | なし | なし | なし | 危険 |
| アルゴン(Ar) | なし | なし | なし | 危険 |
| 二酸化炭素($CO_2$) | なし | なし | なし | 危険 |
| 塩化水素(HCl) | なし | なし | 危険 | 危険 |
| 酸素($O_2$) | なし | 危険 | なし | なし |
| アンモニア($NH_3$) | 危険 | なし | 危険 | 危険 |
| 一酸化炭素(CO) | 危険 | なし | 危険 | 危険 |
| アセチレン($C_2H_2$) | 危険 | なし | なし | 危険 |
| エチレン($C_2H_4$) | 危険 | なし | なし | 危険 |
| プロパン($C_3H_8$) | 危険 | なし | なし | 危険 |
| 塩素($Cl_2$) | なし | なし | 危険 | 危険 |

表 4.5 可燃性ガスの燃焼範囲と発火点

| 可燃ガス | 燃焼範囲(％) | 発火点(℃) | 可燃ガス | 燃焼範囲(％) | 発火点(℃) |
|---|---|---|---|---|---|
| 一酸化炭素(CO) | 12.5〜74 | 609 | メタン($CH_4$) | 5〜15 | 537 |
| 水素($H_2$) | 4〜75 | 500 | エタン($C_2H_6$) | 3〜12.5 | 530 |
| アンモニア($NH_3$) | 15〜28 | 651 | プロパン($C_3H_8$) | 2.1〜9.5 | 432 |
| アセチレン($C_2H_2$) | 2.5〜ほぼ100 | 305 | ブタン($C_4H_{10}$) | 1.6〜8.5 | 287 |
| 硫化水素($H_2S$) | 4〜44 | 260 | エチレン($C_2H_4$) | 2.7〜36 | 450 |

可燃性ガスのため［燃］の表示がある

写真 4.1　可燃性ガス（一酸化炭素）のボンベの例

### ● 高圧ガス火災の対処法

(1) ボンベのガス出口で可燃性ガスが燃えたときの措置

① ボンベのバルブ(容器弁)を閉じれば火は消える.

② 火勢が強くて近づけないときは,炭酸ガス消火器もしくは粉末(ABC)消火器で火を消したあと,バルブを閉じる.

③ 火は消えたが何らかの理由でバルブが閉じきれずに可燃性ガスが室内に漏れ続けている場合は,きわめて危険だといえる.ガスが部屋に充満して引火すると大爆発が起こる恐れがあり,避難を含め,さらなる対処が必要となる.

(2) 可燃性ガスが漏れ続けた場合のさらなる対処

④ すべての着火源になるものを速やかに取り除く(電源を配電盤で切る).

⑤ ボンベを安全な場所へ運びだす(毒性のあるガスでは防毒マスクなしでは危険).

⑥ ボンベを運びだせない場合は窓,扉等を開いてガスを室外へ逃がす.

⑦ 周囲の人にガス漏れが起こっていることを知らせる.

### ● 高圧酸素の支燃性

酸素ガスは可燃性でも有毒性でもなく酸欠状態を発生させる危険もないが,高圧酸素の支燃性は火災発生の原因になる.表 4.6 に示すように,高圧酸素の雰囲気下ではすべてのものの最小着火エネルギーが小さくなるので,空気中では危険でない程度のわずかなエネルギーが加えられても可燃物は発火し,空気中よりも激しく燃える.酸素ガスは究極の酸化剤といえる.油脂類や酸化されやすい金属類などに触れると,これらを酸化させてその反応熱で発火

表 4.6　空気と酸素による可燃性ガスの最小着火エネルギーの比較

| 可燃ガス | 最小着火エネルギー<br>(空気中, mJ) | 最小着火エネルギー<br>(純酸素ガス中, mJ) |
|---|---|---|
| アセチレン | 0.019 | 0.002 |
| ジエチルエーテル | 0.19 | 0.0012 |
| メタン | 0.28 | 0.0027 |

させる．高圧酸素を使うときは，油汚れがある実験着や手袋,工具などを使ってはいけない．ガスケットやパッキングなども反応する可能性があることから，酸化されやすい材質のものを使うことは避けなくてはいけない．火災発生の危険からするならば，**高圧酸素は実験で使う高圧ガスのなかで最も危ない**．

● 高圧ガスの有毒性

　じょ限量（空気中の許容濃度）が 200 ppm 以下のガスを有毒ガスとする．塩素ガス，一酸化炭素ガス，アンモニアガスなどが相当する．**有毒ガスのボンベには [毒] と表示してある**（写真 4.2）．これらのガスはドラフトチャンバーで使用することは当然だが，とくに無臭の一酸化炭素ガスは，漏れに気づかず，事故が起こる可能性が高い．写真 4.3 に示したガス検知器を用いて安全に努める．

写真 4.2　有毒ガス（一酸化炭素）のボンベの例

有毒ガスのため[毒]の表示がある

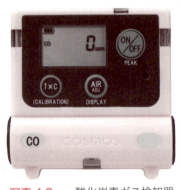

写真 4.3　一酸化炭素ガス検知器
新コスモス電機株式会社の許可を得て転載．

● 酸素欠乏状態の危険とその対処

　窒素ガス，ヘリウムガスなど可燃性，毒性，支燃性などの危険がないガスでも，酸素ガス以外のガスが大量に室内に漏れると，酸欠状態が発生する危険がある．人間が安全に呼吸できる空気中の酸素濃度は 75％〜18％ であり，75％ を超えると酸素過多暴露の危険が発生する．18％ 以下の状態を酸欠状

4.1 高圧ガスの危険　　99

態という．一般的な症状は，16％で頭痛や吐き気，集中力の低下，12％で筋力低下のために体の自由がきかなくなる．10％で意識不明状態，8％で昏睡状態，6％で呼吸停止状態になるとされている．

　酸欠状態の発生はガスの使用中にかぎらず，ボンベを保管しているときでもボンベのバルブ弁の不具合などでガスが漏れ続けて部屋が酸欠状態になることがある．大量にガスを使うとき，排気ガスが室内に放出される場合やボンベを室内に保管している場合は，部屋の換気(通風)に十分に注意しなくてはいけない．**狭い部屋でガスを使う実験中に気分が悪くなったときは，酸欠状態を疑い，換気しなければならない**．

　極端に酸素濃度が低い空気は，ひと呼吸するだけで意識を失って倒れてしまい，その場から脱出できずに死亡する危険がある．酸欠で倒れた人を救助するために，空気呼吸器などの装備なしに酸素濃度が低い場所に入った人が酸欠で死亡する二次災害の事例は多い．救助は素早くしなくてはいけないが，慌てず慎重に行動しなくてはいけない．複数の人で救助活動をするのが望ましい．

**危険 事例**
(1) 高圧酸素を使用中に圧力調整器から炎があがった．圧力調整器の内部に付着していた金属粉が，流れるガスとの摩擦熱で発火したものと見られている．
(2) 買い物に行き，ドライアイスを後部座席に積んで，アイドリングをしていたら，気分が悪くなった．これは車内に二酸化炭素ガスが充満したため，中毒症状になったものと考えられる．

### 4.1.3 低温液化ガスの危険

　容器のなかで気化したガスの圧力が 0.2 MPa を超えるものは「高圧ガス保安法」では「**液化ガス**」と分類されている．ただし，常温，常圧では気体で存在するが，沸点以下の極低温に冷却されて液化するものは，「**低温液化ガス**」に分類される．液体酸素と液体水素はいずれも危険が大きいので通常の実験

第 4 章　高圧ガスの危険とその安全な取り扱い

表 4.7　低温液化ガスの性質

| 低温液化ガス | 沸点(K) | 蒸発熱(kJ/L) | 気体と液体の体積比 |
|---|---|---|---|
| 液体酸素 | 90.19 | 300 | 875 |
| 液体窒素 | 77.35 | 161.3 | 710 |
| 液体水素 | 20.40 | 31.6 | 867 |
| 液体ヘリウム | 4.22 | 3.1 | 780 |

で使うことはないが，化学の実験で冷却剤としてよく使用するのは，液体窒素と液体ヘリウムである．しかし，**液体窒素**や**液体ヘリウム**を用いた場合には，より沸点の高い空気中の酸素が液化し，トラップに凝縮することがある．液化酸素は危険であり，十分に注意する必要がある（表 4.7）．

　液体窒素は保冷設備のコールドエバポレーター（cold evaporator；CE）から，保管するための開放型容器シーベルにくみだして実験室へ運び，使用する（写真 4.4）．一方で，より大量の液体窒素が必要なときは，自加圧式容

写真 4.4　液体窒素のくみだしと運搬および貯蔵容器
(a) コールドエバポレーター(CE)，(b) CE からの液体窒素のくみだし，(c) 開放型容器(シーベル)，(d) 自加圧式容器(セルファー)，(e) エレベータで運搬の際の表示，(f) 窒素バルーンによる実験例．

4.1 高圧ガスの危険 101

器セルファーにくみだして運搬する．なお，液体ヘリウム用の自加圧式容器をベッセルという．

● **液体窒素，液体ヘリウムを実験で使うときの危険**

液体窒素，液体ヘリウムは可燃性でも有毒性でもないが，取り扱い方を誤ると生命にもかかわる危険な事態が発生する．液体が気化すると体積が著しく増加する．そのために，低温液化ガスの容器を密閉するなど使い方を誤ると，内部圧力で容器が破裂する危険性がある．また，気化したガスのために液化ガスを使用している部屋，保存している**部屋が一気に酸欠状態になる危険性**がある．酸素と窒素では沸点に差があるため，容器内で液体窒素を長時間空気に触れさせると，より沸点の高い**空気中の酸素が液化し，液体窒素に溶け込んで危険な状態となる**恐れがある．

● **液体窒素を運ぶときの危険**

液体窒素は複数の人員で運ぶのが望ましい．内容積が小さい容器（シーベル）は二人で垂直状態（ぶら下げて）にして運ぶ．運搬に使うシーベルは頸部が脆弱な構造になっている．液化ガスが入っている状態で容器を斜めにすると重量が頸部に集中し，頸部が折れる恐れがある．セルファーのように運搬に使う容器が比較的大型で台車を使って運ぶなどするときは，必ず二人以上で運ぶ．振動や衝撃により容器を破損させる恐れがあることから，とくに段差がある場所は慎重に運ぶ．

上の階に運ぶときにエレベータを使う場合は，とくに気をつける必要がある．エレベータは狭い密室であり，エレベータが途中で止まり容器から気化したガスが漏れるなどの事故が起こると，エレベータ内部は簡単に酸欠状態になる．したがって，**エレベータには運搬する人を同乗させず無人運転をおこなう**．すなわち，容器だけを乗せてエレベータを出発させ，目的の階で別の人が待機して到着した容器を降ろす．途中の階から他人が乗り込まないように，注意の表示をしなくてはいけない．「**危険物運搬中，立入禁止**」といったエレベータの入り口に置いた注意の表示スタンド(写真 4.4 e)に加えて，同様の表示スタンドを使って，エレベータ内にも表示するのがよい．台車ごと

乗せる場合は台車が動かないように固定し，容器が転倒しないように工夫する．

● **低温液化ガス貯蔵用容器の構造と使用法**

　低温液化ガス貯蔵用容器（**シーベル**と**セルファー**）は保冷容器のうちでも常に気化しているため，容器を密閉すると気化したガスの圧力で容器が破裂する恐れがある．したがって，**密閉は厳禁であり，気化したガスは常に容器の外へ逃がさなくてはいけない**．液体窒素では容器内で気化した窒素ガスは大気中に放出する．ただし貴重な資源であるヘリウムは，貯蔵容器内で気化したヘリウムガスを回収弁（窒素の放出弁に該当する）に再液化する設備への回収ライン，もしくはガスバッグをつないで回収し，再液化して利用する．

　ここでは誰でも手軽に使える液体窒素の貯蔵容器の構造を説明する．シーベルとよばれる開放式容器はコールドエバポレーターからくみだした液体窒素を実験室に運ぶのに使用する小型容器で内容積が5Lから30L程度のものが多い．構造は図4.2のような外の槽を真空とした，デュワー瓶型の構造で外槽がそのままケースになっているものもあるが，デュワー瓶部分を保護するためにケースに入れているものが多い．すなわち，開放型容器はデュワー瓶部分を保護するためのケースの形によって外観はさまざまだが，内部構造はすべて同じ仕組みである．

　開放式容器は構造が簡単だが，次の点には十分に気をつける必要がある．

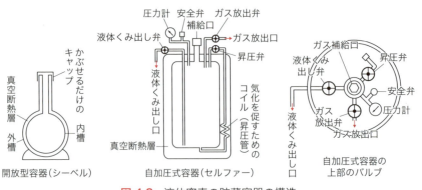

図 4.2　液体窒素の貯蔵容器の構造

4.1　高圧ガスの危険　　103

大気との自由な接触を避けるため，ネック部分の水分が凍結するのを防ぐために，貯蔵中は付属のキャップを着けておかなくてはいけない．なお，キャップには気化ガスを逃がす小孔があり，キャップは軽く乗っているだけである．したがって，キャップを着けても容器が密閉状態になることはない．容器を傾けて液体を流しだすようにくみだせるのは，せいぜい 10 L 程度の容器までにする．それよりも大容量の容器に，液体窒素が多く入っている場合は，容器を傾けると構造上頸部が弱いため破損する恐れがあるので，専用のサイフォンを使ってくみだすのが望ましい．

　一方，セルファーとよばれる自加圧式容器は，内部で気化しているガスの圧力を利用して液化ガスを押しだす仕組みになっている．一般に，50 L を超える内容積があることから，液体窒素を大量に使用する場所で利用する．自加圧式容器の構造と使い方は，やや複雑となる．容器の上部には図 4.2 のように別のタンクから液体窒素を移し入れるための補給口（補給後はねじで密栓する），ガス放出弁，昇圧弁，液体くみだし弁の各バルブ，圧力計，安全弁などがついている（図 4.2）．**自加圧式容器はバルブの操作を誤ると容器を密閉してしまうので**，使用するときは事前にバルブの働きを理解して操作の手順を間違えないようにしなくてはいけない．次に手順を述べる．

## ● 自加圧式容器の使用手順

### （1）液体窒素のセルファーからのくみだし

　ガス放出弁を閉じ，昇圧弁を開くと液体窒素は昇圧管（コイル）に導入される．ここで強制的に気化させられたガスが容器内部に戻り内部のガス圧を高める．適切な圧力になると液体くみだし弁を開いて液体をくみだす．くみだし中は常に圧力計で内部のガス圧を監視する．最近は受け器としてステンレス製のデュワー瓶がよく使われるが，保冷能力ではガラス製のものがより優れている．しかしガラス製のデュワー瓶は内側にわずかな傷があると液体窒素を入れたとき，傷の箇所が急激な温度差のために大きな音とともに割れることがよくある．また割れたときガラス片が上方へ飛び散るので，顔を近づけているとガラス片で顔に怪我をする恐れがある．ステンレス製，ガラス製いずれの物を使うにせよ，瓶を急冷しないようにゆっくりと移し入れなくて

はいけない．さらに，危険回避のため保護眼鏡を着用する．

### (2) 液体窒素のセルファーへの貯蔵

昇圧弁とくみだし弁を閉じて，ガス放出弁を開き気化したガスを常時逃がすことのできる状態とする．すなわち，ガス放出弁は常時開いておき，密閉状態を避ける．

### (3) 凍傷の危険

液体窒素は直接手にかかった場合，ごく少量ならばすぐに蒸発してしまうので凍傷にかかる恐れは少ないが，**極低温に冷やされているもの（とくに，金属類）を素手で触ってはいけない**．扱うときは革製の手袋を使う．木綿の作業用手袋は，万が一，液体窒素がかかると液体が手袋に染み込んで凍傷が

---

**危険事例** 低温液化ガスによる危険

(1) 設置されていた液体窒素のコールドエバポレーターが破裂した．気化ガス放出弁が閉じられた状態で，安全弁が作動しなかったために，気化ガスによる内圧が上昇したのが原因である．

(2) 大学の低温実験室で停電のために冷凍機に不具合が生じ，部屋の低温を保つために室内に液体窒素を散布（推定）したところ，酸欠状態が発生した．このアイデアは実に危ない．

(3) 事業所で液体窒素をコールドエバポレーターから配管を使って研究室内の開放型容器に移し入れている最中，作業をしている人が急用でその場を離れた．しばらくして室内に戻ったとき即座に倒れた．このとき，室内は酸欠状態になっていたと考えらえる．

(4) 有機溶媒を含んだセラミックス粉を液体窒素で冷却中，空気中の酸素が凝縮し，爆発的に発火した．
　液化した酸素と有機溶媒の接触はきわめて危険である．研究室の液体窒素トラップでも液化した酸素の発生には常に注意する．

(5) 開放式容器に液体窒素を入れ，放置しておいたが，ふたが吹っ飛んだ．放出口の周囲に大気中の水分が凝結して氷となり，ガスを逃がすことができない状態になって，内部のガス圧が上昇した結果である．

## 4.2 高圧ガスを安全に扱うために

ひどくなる恐れがあるし,極低温に冷やされているものに触ると,水分が凍ってくっついてしまう可能性もある.同様に履物も液体が染み込まないものを使うのがよい.万が一,凍傷にかかったときは,ぬるま湯で20～30分程温めた応急処置のあとに専門医の手当を受ける.

## 4.2 高圧ガスを安全に扱うために
### 4.2.1 物理的な力による危険

特殊材料ガス(モノシラン,アルシン,ホスフィンなど)以外のガスではボンベ内部での化学反応でボンベが破裂することはまずない.ボンベの破裂は外部から大きな熱が加わって内部のガスが膨張し,ガス圧が上昇してボンベの耐圧限界を超えたときに起こる.したがって,この危険を防ぐ基本としては,ボンベを涼しく風通しがよい場所に置き,直射日光や高温の物体からの輻射熱などが当たる場所には置かないようにする.

ボンベの破裂は死亡事故になる恐れがあるため,これを防ぐためにすべてのボンベには内部のガス圧が異常に高くなると自動的に作動してガスを逃がし,ボンベの破裂を防ぐための**安全弁**がついている.安全弁には破裂板式,スプリング(ばね)式,可溶栓式がある.破裂板式と可溶栓式はいったん作動するとボンベ内のガスが抜けてしまうので,室内で作動すると大量のガスが部屋に充満して爆発や中毒,そして酸欠の危険性が高まる.したがって,安全弁の作動も決して安全ではなく,万が一に安全弁が作動した場合も想定に入れて,ボンベの置き場所には注意しなくてはいけない.また,ボンベの口金キャップと安全弁は形状がやや似ている.口金キャップを着脱するときに,安全弁を間違って触って破損することのないように気をつけなければならない.

● **破裂板式安全弁**

破裂板式安全弁は酸素や水素,窒素,ヘリウムなど実験で使う多くの圧縮ガスのボンベで採用されている(写真4.5).内部のガス圧が耐圧試験値の0.8倍になると,破裂板が破れてガスを逃がす.いったん作動すると,内部のガス圧がほぼ大気圧に等しくなるまでガスは抜けつづける.

106　第4章　高圧ガスの危険とその安全な取り扱い

**写真 4.5　ボンベ上部と破裂式安全弁**
一般的なネックバルブのついたボンベ上部：手前の破線の円で囲んだ部分は破裂式安全弁で，奥には口金キャップのついたガス取りだし口がある．

● **スプリング式（ばね式）安全弁**

　スプリングの力で作動する圧力を調整する．スプリング式安全弁はいったん作動しても内部のガス圧が下がると，自動的に元の状態に復帰する．作動する圧力はガスの種類によって異なる．スプリング式安全弁がついているおもな高圧ガスのボンベ：液化二酸化炭素，液化アンモニア，液化プロパン，液化エチレン，液化塩化水素，液化塩素など．

● **可溶栓式安全弁**

　可溶栓式安全弁は，圧縮アセチレンのボンベで使われている．通常ボンベの肩の位置もしくは底部についている．溶栓（fusible plug）はボンベ本体が（105±5℃）に熱せられると融けてガスを逃がす．いったん作動すると，内部のガスは抜けきる．

● **ネックバルブの破損**

　ボンベの本体は一体成型でつくられており，一般に転倒で破損することはないが，実験で使う一般的な中型のボンベ（長さ約 140 cm，重量約 60 kg）が倒れた場合，ボンベにつけられた青銅，あるいは黄銅などでつくられているネックバルブがつけ根から折れることがある．ネックバルブが破損すると，高圧のガスが噴出して引火爆発，中毒，酸欠の発生などの危険が起こるだけ

4.2 高圧ガスを安全に扱うために　107

**写真 4.6** ネックバルブの保護ガードがついたボンベ
写真 4.5 の例と異なり，ボンベの開閉時にスピンドルを動かす必要があるため，この場合は専用レンチを用いる．

でなく，ガス噴射の反動でボンベが飛んで人身事故が起こった事例もあるため，注意が必要である（写真 4.6）．

**危険事例**
(1) 古くなった酸素ボンベを移動させるために横倒しにしたとき，ネックバルブが折れてガスが噴出してボンベが飛び，近くにいた作業員を直撃し，負傷した．
(2) 炭酸ガスボンベを移動させるためにトラックに積み込んでいるときに，ボンベが荷台から落下してネックバルブが折れ，ボンベが飛んで通行人が負傷した．
(3) 古い空気ボンベを廃棄するために，ボンベに残っている空気を抜く作業中にネックバルブが折れて空気が噴出し，ボンベは屋根を突き破った．
(4) ボンベから減圧調整弁を通して，オートクレーブに水素ガスを導入する実験の際に，水素ボンベが転倒し，減圧調整弁が外れ，実験室内をボンベが動き回った．

● バルブの破損の防止策
(1) 転倒防止のために，2 か所で固定する
　ボンベは転倒しないように 1 か所ではなく，2 か所で固定する．地震や何

かの衝撃などでも転倒しないように，ボンベは専用の台，実験台などに金属製の鎖や専用のバンドなどでしっかりと固定しておく．**鎖などは上下に2本でたわみがないように固定するのが望ましい**．地震のときに1本で固定したボンベが倒れた事例は多い．

## (2) ネックバルブを保護するための専用器具を着ける

　ボンベにはネックバルブが露出しているものと，ネックバルブを保護するガードが固定されてついているものとがある．ネックバルブが露出しているボンベではガスを使わないときやボンベを移動させるときには必ず保護キャップを着けて，万が一のネックバルブの破損を防ぐ．ボンベを移動させるときにはキャップを着けたボンベを少し傾け，ボンベの底の縁で転がす．この移動方法は室内や廊下でわずかな距離を移動させるときには許されるが，長距離を運ぶときは保護キャップを着けてボンベ専用の運搬車に鎖で固定して移動させる．

## (3)保護ガードつきのボンベにはスピンドルを回すハンドルを着けておく

　ネックバルブが露出しているボンベには，スピンドルを回すための円形のハンドルが固定された形でついている．一方，保護ガードがついているボンベのネックバルブには，スピンドルを回すハンドルはついていない．保護ガードがついているボンベは保護ガードをつけた状態で圧力調整器や配管の着脱ができるが，スピンドルを回すハンドルはついていない．スピンドルの先端は四角形なので，一般工具のレンチ（スパナ）でも回すことはできるが，一般工具を使うとスピンドルを傷めてしまうため，スピンドルの開閉には必ず専用のレンチを使う．ガスの使用中はとっさの事態にも素早く閉めることができるように，専用レンチは着けたままにしておく．一方，ガスを使わないときは安全上外しておくのが望ましい．

### ● 圧力計の破裂の危険

　圧力調整器にかぎらず高圧ガスを使う器具や装置には圧力計（圧力ゲージ）がついている．最も一般的に使われているものに，フランスの Eugene

4.2 高圧ガスを安全に扱うために　　109

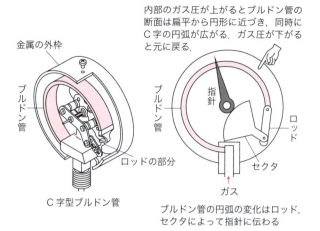

**図 4.3**　ブルドン管式圧力計の構造と原理

Bourdon が考案した**ブルドン管式圧力計**がある（図 4.3）．圧力計に使われているブルドン管は，右断面が扁平で中空の金属管でできている．この管は内部のガス圧で伸び縮みする．したがって，内部のガス圧が上昇するとブルドン管の断面は扁平から円形に近づき，同時に C 字の円弧が広がる．ガス圧が下がると，元に戻る．高圧用圧力計の管は高圧にも耐える丈夫な鋼の引き抜き管，低圧用はわずかな圧力の変化も感知できる比較的柔らかい青銅や黄銅などでつくられている．このブルドン管式圧力計は正圧を計る器具なので，水銀柱マノメータのような負圧の測定はできない．ブルドン管は内部のガス圧が限界を超えると破裂するが，とくに低圧用は限界の圧力値が低いために，うっかり圧力をかけ過ぎてブルドン管が破裂してガラスや金属片が飛び散って怪我をすることがある点にも注意する．

　破裂を防ぐためにブルドン管式圧力計は高圧用，低圧用のいずれであっても目盛り板の最大目盛り値の 60% 以下の圧力で使うのがよい．ブルドン管が破裂するとガラス片，金属片は圧力計の前方だけでなく，後方にも吹き飛ばされる．顔を直撃する危険を避けるために，**ブルドン管式圧力計を読むときには決して正面から顔を近づけてはいけない**．安全に見るためには，斜めから見るようにするか，化学反応などで特別な高圧を使うときは圧力計の目盛り板を手鏡に映して見るようにする．

### 4.2.2 圧力調整器を安全に扱うために

高圧ガスおよびボンベの本来の一次圧を落とし，安全かつ安定した低圧ガスに変換して取りだすための器具が**圧力調整器**であり，厳密な圧力調整が可能となる．実験室で高圧ガスを使う際には，圧力調整器を通してボンベから実験器具に直接ガスを送り込む使い方，もしくは，圧力調整器を通して，ゴム製のバルーン（写真 4.4 f）のような別のガス溜にガスを移したのちに，実験器具にガスを導入する使い方をする．いずれの使い方をするにせよ，10 MPa を超える高圧のガスを圧力調整器を用いて，実験に必要な低圧（通常は 1 MPa 以下）もしくは常圧に変換してから実験器具や実験装置に送り込むことになる．

ガラス製の実験器具はガス圧で破損する危険があるため，加圧系では基本的に用いない．ガスの使用量も少ない常圧系の実験では，ガラス製の実験器具を用いることができるが，ゴム製のバルーンのようなガス溜めにガスを移してから使うのが安全である．

### ● 実験で使う代表的な圧力調整器

ニードルバルブ型は構造が単純であり，圧力調整器の内部での事故はほとんど起こらず，高圧ガスをゆっくりと取りだすには便利だが，取りだすガス圧を所定の圧力に微調整するのは難しい．実験室で最も一般的に使われている圧力調整器には，二つの圧力ゲージ(計測計)がついている．ボンベ内のガ

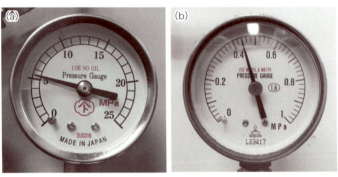

**写真 4.7** 高圧用および低圧用ブルドン管ゲージ
(a) 高圧用ゲージ(最大目盛値 25 MPa), (b) 低圧用ゲージ(最大目盛値 1 MPa).

ス圧を表示する**高圧ゲージ**と調整後の圧力を表示する**低圧ゲージ**を示した（写真 4.7）．圧力調整器によりボンベ内のガス圧にはほとんど影響されずに一定の低圧ガスを取りだすことができるが，構造が複雑なため，取り扱い操作を誤ると圧力計を破裂させる危険がある．また，すべての圧力調整器において接続は重要であり，圧力調整器とネックバルブとを接続するねじの箇所で不具合があると，ガス漏れが起こるだけでなくガス圧で圧力調整器が吹き飛ばされて人身事故が発生する恐れもある．接続は慎重に，細心の注意をし

---

◆ **コラム** ◆

### ボンベのネジの多様性

　高圧ボンベを用いた低圧の実験では，ネックバルブの開き具合で圧力を調整することは不可能であり，必ず，圧力調整器をつけ，そのバルブ操作で調整しなくてはいけない．一方，圧力調整器をつける際に接続ねじでトラブルが起こることがある．そのおもな理由としては，ボンベのガス出口（口金）の形はすべてのボンベに共通したものではなく，ガスの種類によってさまざまな形の口金があり，したがって，これに接続する圧力調整器の接続ねじの形も多種多様になることがあげられる．接続ねじの形式は基本的には可燃性ガスは左ねじの A形（オスねじ，口金の外周にねじが切ってある），それ以外のガスは右ねじの A形（オスねじ，口金の外周にねじが切ってある）となっている．

　しかし，例外も少なくない．ヘリウムは不燃性だが左ねじで，さらにねじ山の高さが水素の左ねじとは違う．アンモニアは可燃性だが，右ねじのものもある．酸素ガスはさらに複雑で，B形（メスねじ，口金の内周にねじが切ってある）の関西式（フランス型）と A形（オスねじ，口金の外周にねじが切ってある）の関東式（ドイツ型）がある．医療用の酸素ボンベは誤使用を防止するために独特な接続法になっているものもある．

　一方，アセチレンボンベのネックバルブの口金にはねじが切られていないため，専用の万力を接続して開閉させる．また，A形，B形のいずれもねじの方向に右ねじと左ねじ（逆ねじ）がある．さらに，ねじの方向が同じでもねじ山の高さ（Wの幅）に違いのあるものもある．このように接続ねじの形式が複雑なために，経験が浅い人が一致していない器具を強引に取りつけようとしてねじを傷めてしまうトラブルも，接続ねじでよく見られる．

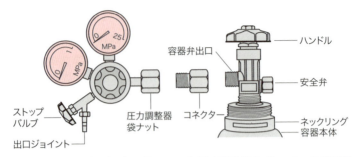

図 4.4　圧力計（圧力ゲージ）のついた圧力調整器とボンベへの接続例

ておこなわなければならない．

● **一般的な圧力計が二つついている圧力調整器とその使用法**

　高圧力を低圧力に変換するために，圧力計（ゲージ）が二つついている圧力調整器はボンベのガス圧に左右されることなく安定した低圧でガスを取りだせるので，最もよく使われる（図 4.4）．一方で，調整器のバルブ操作（ネックバルブ，圧力調整バルブ，ストップバルブ）が多いために，機能を理解したうえで，注意して取り扱う．

　事故を避けるためには，**まずネックバルブを開ける前に，調整器のすべてのバルブの開閉状態を確認する**．圧力調整器では調整器のバルブ操作の誤りでネックバルブを開いた瞬間にトラブルが起こることがある．たとえば，圧力調整バルブが開いていた（右回しで，押し込まれた状態）ために，ネックバルブを開いた瞬間に二次側に高圧のガスが流れて二次側圧力計が破損し，さらに，そのときにストップバルブも開いていると，高圧ガスが一気に実験器具に流れ込み，器具が破損することが起こりうる．基本的に，使用後にはネックバルブを閉め，圧力調整バルブは左に回して（ゆるくなる方向）閉じておき，ストップバルブは止まるまで右に回して閉じておく．

　まとめると，ネックバルブを開き，ボンベを安全に使用するためには次の手順となる．

（1）ストップバルブが右に回した方向で止まっていることの確認．

4.2 高圧ガスを安全に扱うために　113

**高圧(一次側)圧力計**：ボンベに残っているガスの圧力を示す．

**低圧(二次側)圧力計**：調整した圧力(器具などに送り込む圧力)を示す．

**ストップバルブ**：圧力調整機で調整した低圧のガスを送り出すバルブ．左に回して開く．

**ネックバルブ**：ボンベに直結しており，左に回して開けると一次側圧力計の針がゆっくりと上昇する程度の速さで開く．このときに二次側の針も上昇すると，圧力調整バルブが開いているので危ない．ネックバルブを開くのをただちに止めて他のバルブの開閉状態を確認する．

**圧力調整バルブ**：ネックバルブを開けたのち，このバルブを力を加えて押し込みながら右に回すと開く．二次側圧力計で圧力を確認しながらゆっくりと開く．押しネジになっており，他のバルブと開閉の回す方向が逆である．

写真 4.8　圧力調整器とその機能

(2) 圧力調整バルブが左に回った状態で緩んでいることの確認．

この2点を確認したのちに，

(3) 安全な立ち位置を選び(後述)，ネックバルブをゆっくりと左へ回し開栓する．
(4) ガスボンベの一次圧を一次圧用ブルドン管ゲージの動きで確認する．
(5) 続いて圧力調整バルブを右に回して(固くなる方向)，二次圧の上昇を二次圧用ブルドン管ゲージの動きで確認し，任意の圧力とする．
(6) ストップバルブを開き，反応容器にガスを導入する．

**危険事例**

　メタンボンベに圧力調整器を取りつけ，ネックバルブを開いたとき圧力調整バルブを緩めるのを忘れていたために，二次側圧力計が破裂した．圧力計の窓がプラスチックであり，作業者が眼鏡をかけていたので，幸い怪我はなかった．

● **ボンベの使用に際して安全な身体の位置とバルブ操作**

　ボンベを使うときに起こる危険は，ネックバルブを開く瞬間に発生するこ

とが多い．万が一の事故から身を守るために，ボンベを操作するときは身体の位置に注意する．圧力計の破裂の危険，圧力調整器が吹き飛ばされる危険から身を守るために，**ボンベに対して斜め後方に立ち，圧力計は斜めから見る．決して正面から顔を近づけて見ない**．とくに高圧を使用する場合は圧力計を鏡に映して針を読むようにするとよい．

　ネックバルブのハンドルは必ずゆっくり回す（元栓はゆっくりと開ける）．急激に開くと圧力調整器内部や配管の内部に存在するガスが断熱圧縮されて異常な発熱が起こる．急な発熱で調整器内や配管の内部で可燃物が発火する事故が起こる可能性があることから，酸素ガスではとくに気をつけなくてはいけない．一次，二次の二つの圧力計がついている圧力調整器を使っているときは，両方の圧力計の針の動きに注意しつつネックバルブを開ける．もしも二次側の圧力計の針が動く場合は，圧力調整バルブが完全に閉じきれていないため，二次側に気体が到達し，トラブルが起こる恐れがある．操作として，ゆっくり開けることで圧力調整器の接続ねじでの不具合といったガス漏れにも対処できる．

　また，圧力調整器をボンベのネックバルブ部分に装着し，はじめてバルブを開くときにも，立ち位置に気をつけなければならない．不具合があると，ガス漏れのみならず，調整器が吹き飛び人身事故に至る可能性がある．圧力調整器はとくに気をつけて慎重に装着しなければならない．

● **圧力調整器の仕組み**

　図4.5には圧力調整器の仕組みをイラストにして示した．圧力調整器には

## 4.2 高圧ガスを安全に扱うために

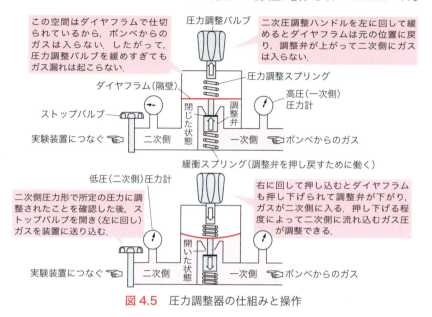

**図 4.5** 圧力調整器の仕組みと操作

ダイヤフラムと称される隔壁が使われている．圧力調整バルブを右に（固くなるほうに）回していくとダイヤフラムが押され，やがて調整弁が開き，一次圧で押されたガスが二次圧側に導入される．このときに，より右に回せば，よりダイヤフラムが押され，より多くのガスが導入されるので，二次圧が上昇する．所望の圧力になったところでストップバルブを開くと，ガスが反応装置に導入される．

### ● 圧力調整器とコネクター

基本的に，1種類のガスには一つの圧力調整器を準備する．一つの調整器を何種類ものガスに共有して使うのは，接続ねじでのトラブルのもとになるので好ましくない．ガスボンベのネックバルブのガス出口には，オスねじになっているものと，メスねじになっているものとがある．またネジの方向が同じでも，ネジ山の高さが違うものもある．ボンベの口金や，圧力調整器の接続ねじの形式を変換するために各種のコネクターを用いることができる．たとえば，窒素ガス用の調整器を水素ガスのボンベに接続することは不可能

> **危険事例**
> (1) 10年以上経過した塩素ボンベの容器弁の腐食が進行し，塩素ガスを保管していた室内に漏れた．
> (2) 亜硫酸ガスのボンベの容器弁を開けようとしたが錆びていて弁が動かなかったので，大きなスパナを使って回そうとしたところ，ネックバルブが壊れてガスが吹きだした．

ではないが，安全上，コネクターの乱用は好ましいことではない．

● **金属を腐食させるガス**

塩素ガスや亜硫酸ガスなど金属を腐食するガスは充填後に長時間経過するとネックバルブの腐食が起こり，ネックバルブが閉じきれずガスが漏れ続けることがあるため，不活性ガスでこれらのガスを十分に置換する操作を加えるなどの対策が必要となる．バルブの腐食が進行すると開閉しにくくなり，

◆ **コラム** ◆

### use no oil の表示がある圧力ゲージのついた調整器

接続ねじが蝶ねじの関西式，袋ナットの関東式のいずれであっても酸素ガスには圧力計に use no oil の表示がある圧力調整器を使わなくてはいけない（写真4.9）．この表示がある器具は内部に油などの可燃物が付着していないように十分に洗浄して組み立てられている．もしも内部に油などが残っていると，断熱圧縮の熱やガスとの摩擦熱で，器具の内部で発火する恐れがある．

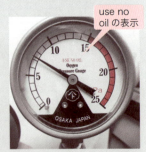

**写真4.9** 圧力調整器

HYDROGEN と表示してある圧力計がついている調整器は水素ガス用だが，コネクターを使えば窒素ガス，ヘリウムガスなどの不活性ガスには使うこともできる．ただし，決して酸素ガスには使ってはいけない．酸素ガスには，必ず use no oil の表示がある器具を用いる．一方で，use no oil の表示がある器具を，酸素ガス以外のガスに使うことはできる．

強引に開けようとしてバルブが壊れるといった事故が起こるため，たいへん危険である．

―――――――――――― 章 末 問 題 ――――――――――――

1. 圧縮ガスを選べ．
   ① 水素　　② 窒素　　③ 一酸化炭素　　④ アンモニア　　⑤ 二酸化炭素

2. ボンベの色にねずみ色が使用されているガスを選べ．
   ① 酸素　　② 窒素　　③ 二酸化炭素　　④ アルゴン　　⑤ アセチレン

3. 水素ガスのボンベの色を選べ．
   ① ねずみ色　　② 黒色　　③ 赤色　　④ 黄色　　⑤ 緑色

4. ボンベに刻印されている内容を選べ．
   ① 容器製造業者の名称またはその符号　　② 充填ガスの種類
   ③ 内容量　　④ バルブおよび付属品を含む重量　　⑤ 最高充填圧力

5. 窒素ガスの危険性を選べ．
   ① 可燃性　　② 支燃性　　③ 有毒性　　④ 酸欠発生
   ⑤ ①〜④のすべて

6. 一酸化炭素ガスと同じ危険性をもつガスを選べ．
   ① 水素　　② 二酸化炭素　　③ 酸素　　④ アンモニア　　⑤ アセチレン

7. 最も燃焼範囲の広い可燃性ガスを選べ．
   ① 水素　　② アセチレン　　③ メタン　　④ プロパン　　⑤ エチレン

8. ガラストラップに液体窒素を用いて放置したところ，しばらくしてトラップ内に液体がたまっていた．この液体は何の可能性があるか．

9. 高圧ガス保安協会では，とくに危険なガスを特殊材料ガスとして分類している．その例を三つ示せ．

10. セルファーに貯蔵した液体窒素を扱うバルブの操作で，決してしてはならない危険となる操作は何か．

11. ボンベを取り扱ううえでおこなってはいけない行為はどれか．
    ① できるだけ鎖などで上下2か所固定する
    ② 保護キャップをつけずに移動する
    ③ スピンドルを回すハンドルが見つからないので，レンチ(スパナ)でスピンドルを回す
    ④ ガスの使用中は専用レンチを着けたままにしておく

12. 左ねじのA型のガスを選べ．
    ① 水素　　② 窒素　　③ 酸素　　④ ヘリウム　　⑤ 一酸化炭素

13. 写真のボンベには圧力調整器がつけてある．それぞれの名称に相当する記号を示せ．
    ネックバルブ
    圧力調整バルブ
    ストップバルブ
    高圧(一次側)圧力計
    低圧(二次側)圧力計
    また，このなかでガスをだす際に右側に回すバルブはどれか．

**写真**　ボンベの圧力調整器

14. 圧縮ガスのボンベの一次圧が5 MPaを示していた．気圧(atm)に換算するといくらになるか．

15. 酸素ガスにつける圧力ゲージについて気をつけることは何か．

# 第5章 X線およびレーザー光の危険

　実験で発生する恐れがある健康傷害の発生源は化学物質だけではない．研究をする場ではさまざまな実験器具や装置が使われているが，その取り扱いを誤れば，これらの器具や装置が健康被害の発生源になる可能性が常に潜んでいる．高エネルギー装置とよばれるX線やレーザー光を使用するには特有の深刻な健康被害を与える危険が潜んでいる．すなわち，放射線に分類されるX線を大量に被曝すると直接的に命にかかわる危険性があるし，レーザー光からは火傷や失明の傷害を受ける恐れがある．本章ではX線，レーザー光の人体におよぼす危険性について解説する．

## 5.1　X線の危険

　近年，X線構造解析などで専門家以外の人でもX線を使用する装置を手軽に使うようになったが，使い方を誤ってX線に被曝すると生命にもかかわる重大な危険に晒される（表5.1）．したがって，X線を利用する装置を使用す

表5.1　高線量放射線による障害

| 放射線量(Sv) | 障害の程度 |
| --- | --- |
| 100以上 | 中枢神経死 |
| 10〜100 | 胃腸死 |
| 6〜7 | 骨髄死(99%以上死亡) |
| 5 | 永久不妊 |
| 3〜4 | 約50%の死亡 |
| 0.25 (250 mSv) | 白血球の一時的減少 |

る際にはX線の危険性を十分に認識し、装置の操作法を熟知したうえで、細心の注意を払って扱わなくてはならない。X線による被曝を受けると、直接作用や体内の酸素分子や水分子を攻撃して生じる活性酸素やラジカルなどが攻撃する間接作用でDNAを損傷させる。DNAの損傷が完全に修復されず損傷が固定化すると、慢性的放射線障害が発生する。

被曝線量による影響はその現れ方の違いによって**確定的影響**と**確率的影響**とに分類される。確定的影響は被曝量が**いき値**（**しきい値**ともいう。ある作用を受けた場合に影響が起こるか否かの境の値）を超えると必ず影響が表れ、被曝量が多くなるほど影響の重篤度が大きくなる。身体的早期障害のほとんどすべては、確定的影響である。この早期障害には局所的傷害の脱毛、全身的傷害の造血組織傷害、腸上皮傷害などがあり、被曝線量が多いと死に至る危険がある。確率的影響にはいき値はないと考えられており、必ず影響が現れるものではないが、被曝線量が多くなるほど影響の発現頻度が高くなる。確率的影響としては晩発的傷害のがん（X線はIARCのグループ1とされている）や遺伝的影響などがある。

X線は波長が10 nm～1 pmの電磁波で、人体を透過して体内の原子や分子を電離させる作用があるため、正常な細胞を死滅させたり傷つけたりする。影響を受けた細胞が少ない場合は人体の回復機能で自然に修復されるが、修復されないときには急性放射線障害が発生する。急性放射線障害は細胞分裂が活発な器官（造血器官など）ほど影響を受けやすい。遺伝子DNAに対しても、X線は注意を要する。

X線装置を使用する人は管理区域に立ち入る前に必ず放射線測定装置（ポ

**写真5.1** X線管理区域の表示(a)とポケット線量計(b)

ケット線量計など) を身につけなくてはいけないし (写真 5.1)，定期的に (6 か月に1回) 健康診断を受けることが法令で定められている．X線は眼に見えないだけに，使用するときは自分自身だけでなく，他人をも被曝させないように使用規則を遵守し，細心の注意を払って実験に臨まなくてはならない．放射線の強さと影響を表す単位とリスクについては p.167 の 8.6 節を参照されたい．

## 5.2 レーザー光の危険

レーザー光 (light amplification by stimulated emission of radiation；LASER) はつくりだす媒質によってさまざまな波長がある (図 5.1)．したがって，保護眼鏡は使用する波長に適合したものでないと，まったく役に立たない．X線 (10 nm～1 pm) よりも波長が長いので，レーザー光には人体を透

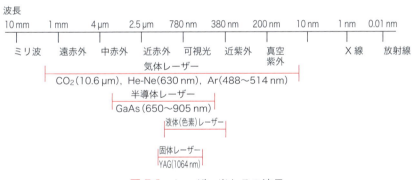

図 5.1 レーザー光とその波長

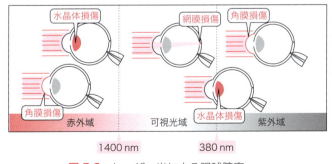

図 5.2 レーザー光による眼球障害

**表 5.2** レーザー製品の安全基準(日本工業規格 2014 年改定)

| | |
|---|---|
| クラス 1 | 特別な安全対策不要(安全) |
| クラス 1C | 眼部以外の組織に接触させて治療用に用いる．眼部以外の組織と接触していない場合には運転が停止するか出力がクラス 1 以下になる |
| クラス 1M | 普通に使えばクラス 1 と同じく特別な安全対策は不要．ただし，光学器具を用いてレーザー光を集光して観察すると危険となる |
| クラス 2 | 可視光レーザー（波長 400 ～ 700 nm）で安全．ただし，長時間観察は目に障害を発生する可能性がある |
| クラス 2M | 可視光レーザー（波長 400 ～ 700 nm）で，光学器具を用いてレーザー光を集光して観察すると危険となる |
| クラス 3R | 直接のビーム内観察は潜在的に危険 |
| クラス 3B | 直接のビーム内観察は危険，皮膚への照射は避けること |
| クラス 4 | きわめて危険．散乱光でさえ失明する恐れがあり，皮膚に照射すると火傷を負う．可燃物を発火 |

過せず分子や原子を電離させる作用はなく，したがって人体に及ぼす影響は大きく異なる．レーザー光から人体が受けるおもな傷害は，強大な熱エネルギーによるものである（図 5.2）．レーザービームは，**原則として目線よりも低い位置で使う**．ビームの調整はできるだけ明るい場所でおこない，装置を作動させるときは周囲の人に知らせる．レーザー光から受ける最大の危険は失明であり，**レーザー光を使用するときはレーザー装置の出力，波長を確認して適合した保護眼鏡を必ず着用しなければならない**（図 5.3）．クラス 4 といった大出力の装置を使用するときには，失明の危険だけでなく皮膚に火傷を負う危険もある．衣服などが発火する恐れもあるので，万が一レーザー光を受けた場合を考えて，難燃性繊維の長袖の衣服を着用することが望ましい．

レーザー光の危険度はクラス 1, クラス 1C, クラス 1M, クラス 2, クラス 2M, クラス 3R, クラス 3B, クラス 4 に分類されている．これを表 5.2

図 5.3 高出力のレーザー光を使う装置が置いてある部屋の出入口にある注意の表示

◆ コラム ◆

### レーザーポインターは安全か

　いまや指示棒に変わり，レーザーポインターは講演や授業でも用いられ，すっかり一般化している．以前の赤色レーザーから緑色レーザーにすっかり流行も移った．しかし，一般に微弱であることを前提としてつくられたレーザーポインターのレーザー光にも，注意が必要である．過去には，出力が強く，目を痛める可能性のある劣悪なレーザーポインターが，小・中学生の遊び道具として出回った．その結果として，視力の低下や網膜の損傷などが報告されるようになった．このような背景から，ついに 2001 年から消費生活用製品安全法（消安法）でレーザーポインターが規制対象になったのである．

　いまでは，レーザーポインターは「特別特定製品」に分類され，その販売のためには第三者機関の検査を経て，商品に PSC マークを表示することが義務づけられている．しかし，規制の枠外にある海外では，依然として出力が強力で，危険なものが出回っている．安価だからといって，これを購入して使用することのないようにしよう．なお，同様な「特別特定製品」として規制対象となっているものに，身近な製品であるライターが含まれていることも知っておこう．当然，ライターにも PSC マークがついているはずである．

PSC マーク

に示す．

　近年，可視光領域の波長をもつ半導体レーザーの開発が盛んである．AlGaInP からなる半導体レーザー（波長：635 〜 680 nm）は，DVD の信号の読み書きに，また GaInN からなる半導体レーザー（波長：400 〜 530 nm）は，ブルーレイディスクの信号の読み書きに，それぞれ用いられている．

### 章 末 問 題

1. 次の説明で誤っているものを選べ．
   ① 被曝線量による影響の現れ方の違いによって確定的影響と確率的影響に分類される
   ② X 線装置の管理区域に立ち入る場合には，放射線測定装置を身につけな

124　第5章　X線およびレーザー光の危険

ければならない
③X線装置の使用者は1年に1度は健康診断を受けなければならない
④急性放射線障害は細胞分裂が活発な器官ほど受けにくい


2. 次の説明で誤っているものを選べ.
　①レーザー光での最大の危険は火傷である
　②レーザービームは目線より低い位置で扱うのが原則である
　③レーザー光を取り扱うときには，難燃性の長袖の衣服を着用することが
　　望ましい


3. 次の説明で正しいものを選べ.
　①レーザー光を取り扱うときには保護メガネをかけていればよい
　②レーザー光を取り扱うときにはサングラスをかける
　③レーザー光を取り扱うときには，その波長に適合した保護メガネをかけ
　　る


4. 次のレーザーの安全基準の危険度はクラス1，1C，1M，2，2M，3R，3B，
　4のどれにあたるか.
　①直接のビーム内観察は潜在的に危険
　②可視光レーザー（波長400〜700 nm）で安全. ただし，長時間観察は目
　　に障害を発生する可能性がある
　③直接のビーム内観察は危険，皮膚への照射は避けること
　④可視光レーザー（波長400〜700 nm）で，光学器具を用いてレーザー光
　　を集光して観察すると危険となる

# 第6章 電気の危険

高エネルギー装置にかぎらず電気を使う機会が多い現在の実験では,感電も軽視できない障害となる.研究室の装置の多くは電気で動かしており,電気は使い方を誤ると,漏電や過電流などで発生する異常な発熱による火災事故が発生する.化学物質や可燃性ガスを使う実験では,物質どうしの摩擦や衝突,物質と用具との摩擦などで発生する静電気による放電火花が原因の火災や爆発事故もしばしば発生している.本章では電気の危険性について解説する.

## 6.1 感電の危険

**感電の危険は人体に流れる電流量による.** 50 Hz,60 Hz の交流電源による感電の人体へのおよその影響を示す.なお,これらは目安であり,頭部や心臓部に電流が流れると表 6.1 の数値よりも少ない電流量で死亡する恐れがある.

表 6.1 電流量による人体への影響(交流を手足で感電したときの影響)

| 電流量(mA) | 人体への影響 |
| --- | --- |
| 5 以下 | 連続して流れても危険はない |
| 20 | 筋肉が収縮して感電部から離れられない |
| 50 | 死亡する恐れがある |
| 100 | ほぼ致命的 |

126　　第6章　電気の危険

### ● 心室細動

　心室細動とは，心臓が痙攣を起こして心室が正常な脈を打てなくなる状態をいう（400〜600回/分 程度の心拍数になる）．50 Hz, 60 Hz（商用周波数）の交流はパルス電流で心室細動を誘発しやすいので，同じ電圧で比較すると 50 Hz，60 Hz の交流は直流よりも感電死する危険性が高い．救急時にはAED（automated external defibrillator，自動体外式除細動器）で心臓に電気刺激を与えることで，心臓の動きを正常に戻すことができる．しかしこの処置は数分を争うことから，AED の設置場所を知っておかなくては間に合わない．普段からその位置と使用方法を確認しておくことが大事である．

### ● 感電防止の基本的対策

　感電を防ぐには，次のような基本的な対策をする必要がある．

    (1) 電線，機器類の端子を露出させない．露出している箇所にはカバーをつけておく．

    (2) 機器類の本体，ケースの感電防止をおこなう．感電防止には，アースをつなぐことが基本となる．とくに水を用いるものや，激しい振動を伴うもの，老朽化している機器は感電を起こす危険性が高い．

    (3) 配線や機器類の内部に触れるときは，必ず元電源を切っておく．コンデンサには電源遮断後も電荷が残っている恐れがあるため，触れるときには十分に注意する．

    (4) 端子やコンセントに付着している汚れも漏洩電流による感電や火災の原因になることがあるため，汚れをなくしておく．

    (5) 濡れた手や汗ばんだ状態で，配電盤など通電している箇所に触るのはとくに危ない．電灯線（100 V）でも悪条件が重なると感電死する危険性が高い．

    (6) スライダック（変圧器）の端子やモーターの端子など，実験室には接続端子が露出している場所があるので，接触と短絡に気をつける．

## 6.2　高電圧の危険

　直流では 750 V 以上，交流では 600 V を超え，7000 V 以下のものを高電

## 6.2 高電圧の危険

表 6.2 接近しうる安全距離

| 3 kV | 6 kV | 10 kV | 30 kV | 60 kV | 100 kV | 140 kV | 270 kV |
|------|------|-------|-------|-------|--------|--------|--------|
| 15 cm | 15 cm | 20 cm | 45 cm | 75 cm | 115 cm | 160 cm | 300 cm |

この距離以内に接近すると感電の危険がある．

圧(高圧)という．7000 V を超えるものは特別高電圧(特別高圧)とよばれる．高電圧では，直接通電部や帯電部に触れなくても感電する(図 6.1)．たとえ絶縁被覆されている電線であっても，人間にとっては裸線と同じようなもので，触れると感電する．接近するだけで感電する危険さえある．こうしたことは，普段慣れ親しんでいる 100 V の電線では考えられない．小容量の機器であっても，内部に「高電圧危険」と表示されている部分には，不用意に触れてはいけない．

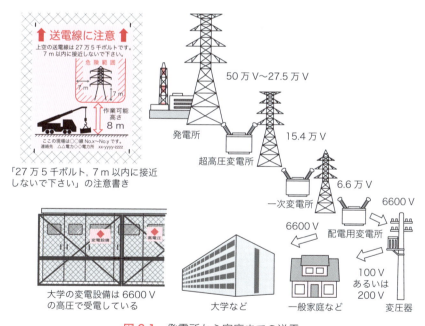

図 6.1 発電所から家庭までの送電

## 6.3 発火源になる電気の危険

### ● 発火源としての静電気の危険

すでに 1.6.4 項で述べたように，静電気の放電火花は危険物や可燃性ガス
の発火源として危険な現象である．危険な程度の高電位の帯電があるか否か
は眼に見えず，静電気は思いもかけないところに潜んでいる可能性があり，
厄介な発火源となる．**化学物質を使う実験では，静電気を決して軽く見ては
いけない**．実験室や製造所，貯蔵所など，危険物を扱う場所での火災の発火
源で，静電気の放電火花が原因となる例が少なからず報告されている．

帯電していない異種，同種の物質が接触すると，接触している物質の界面
で電荷の移動が起こり，それらを引き離すとそれぞれの物質上に等量で異符
号の電荷が発生する．このような現象は物質の摩擦，粉砕，剥離，流動，噴
出などで起こり，また液体や粉体を壁面に沿って流したりすることでも発生
する．このように生じた電荷は，絶縁体の表面で留まる．これを静電気の帯
電現象という．帯電した静電気が放電するときの火花が可燃性のガス状物質，
粉塵などの着火源になる．

固体では抵抗率が大きい可燃性非金属の粉末（硫黄などの危険物にかぎら
ず，石炭，プラスチック類，小麦粉，砂糖など）が衝突や摩擦によって静電
気を発生して放電火花から自らが引火する事故(粉塵爆発)は少なくない．ア
ルミニウムやマグネシウムなどの可燃性金属粉は自らの静電気で引火する危
険性はほとんどないが，ほかの物質が発生させた放電火花からは引火する．

人が行動していると，着衣の摩擦で静電気が発生する．大気中の湿気を吸
収しやすい木綿素材の衣服では相対湿度が約 60% になると静電気の帯電電
位が著しく減少する．一般に，相対湿度が 65% を超えると静電気が起こる
危険性は著しく低くなる．しかし，本質的に湿気を吸収しないもの（たとえ
ばガラスなど）や高温状態で湿気を吸収，吸着しにくいものでは，相対湿度
による危険性の変化は小さい．

床の状態によっても静電気の危険性は変わる．地面(土)の上で行動してい
る場合，静電気は履物を通して大地に逃げるので，人体の帯電はほとんど起
こらない．ところが，絶縁性の高い履物(たとえばゴム底の靴など)で抵抗値
が大きな床の上〔リノリウム(導電性が低い床材)を張った床の上〕で行動した

6.3 発火源になる電気の危険　129

場合には，静電気は地面に逃げないため，人体の帯電電位は危険な値になる．この人体が帯電した静電気の放電火花が可燃物や可燃性ガスの着火源になる恐れがある．

　一方，着火源としては危険だが，静電気による電撃はたとえ電圧が高くても電気量は微弱なため，直接生命に危険が及ぶことはなく，一般的に感電とはいわない．ただし，ライデン瓶などを使って多量の電荷を蓄えた場合は，感電といえるほどの危険な状態になることもある．

### ● 発火源としての電気の危険

　自由電子が，ある物体のなかに余分にとどまっている状態の**静電気**（static electricity）に対して，電灯線などのように自由電子がいっせいに動いている状態を**動電気**（dynamic electricity）という．**静電気には発火源としての危険性があるが，動電気には発火源だけでなく感電の危険性もある．**

　発火源として電気の危険性を考えた場合，静電気は思いもかけない所に発火源として存在している危険性がある．一方の動電気では危険が存在している場所の見当はつけやすいが，発火源としてのエネルギー量が大きい分，火災が発生する危険性が高い．

　動電気の発火源として危険なのは，電気火花と発熱である．とくに燃焼の三要素の一つ，エネルギーを十分に供給する電気の発熱は，火災の大きな原因になっている．また大学の研究室や実験室での火災件数のほぼ半数は，電気の発熱が原因とする統計がある．

### ● 実験室における動電気による異常発熱への対策

**（1）電線やコンセントなどに許容電流値を越えた電流が流れたときの異常発熱**

**対策**　使用する機器類の消費電力を調べて許容電流値に余裕がある配線をする．市販されている家庭用のビニールコード，コンセントなどの定格は「15 A　125 V」と「7 A　125 V」で，大電流を必要とする機器類の配線には危険を伴う．使用する電気機器や配線器具，電線の定格を確認して，余裕をもたせた配線をする．いわゆるタコ足配線は過電流が流れる最も危険な配線であり，避けなければならない．ビニールコードは熱に弱く，高温のものに触

れると絶縁被覆が溶けて内部の導線が露出する危険性があるため，大電流を必要とする配線は，安全性に配慮して，配線用のケーブルを使う．

## (2) コンセントや端子での漏洩電流によるジュール熱の発生（トラッキング現象）

樹脂などの有機絶縁物表面上に汚染物がある状態で電圧がかかると，その表面に電位差が生じて電流が流れ，短絡引いては発火に至ることを**トラッキング現象**とよぶ．トラッキング現象による火災は，コンセントとプラグとの隙間や端子などに埃がたまり，埃を通して両極間に漏洩電流が流れてジュール熱によって埃が燃えだすことによる．絶縁不良による漏電を除けば，電気による火災原因のほとんどを占める．

**対策** コンセントとプラグに隙間をつくらない．コンセントの周り，露出している端子の周りをこまめに掃除して埃をためないようにする．あらかじめ，トラッキング防止の対策が施してある器具を使うことも有効な安全対策となる．空いている差し込み口に埃が付着して，両極のあいだでトラッキング現象が発生しないように，空いている箇所にはキャップを差し込んでおく．つけ根に絶縁対策が施されているプラグを採用すると，少しの隙間ができて埃が付着してもトラッキングの発生を防げる．

## (3) 接続部での接触不良による異常発熱

コンセントとプラグのゆるみ，ネジ止端子のゆるみ，ナイフスイッチの接触不良により，その箇所で電気抵抗が増大して異常発熱が起こる．

**対策** 接続部でのゆるみをつくらない．プラグの差し込みが不完全で接触不良による異常発熱が起こる．重いキャプタイヤコードは立て位置の場合，重みでゆるむ危険性がある．ゆるみはトラッキングを発生させる原因にもなる．ねじでとめる端子はねじがゆるむと接触不良になるので，ねじはしっかりと強く締めつけなくてはいけない．開閉型のナイフスイッチはしっかりと奥まで差し込むようにする．

## (4) 電気抵抗による発熱の蓄積による発火

電気抵抗によって発熱が起こり，それが蓄積して発火することがある．

6.3　発火源になる電気の危険　　131

**対策**　コードを，強く束ねて使うのは危ない．電流が通ると必ず発熱が起こり，その熱は正常ならば自然放熱で逃がされるが，強く束ねると自然放熱が妨げられて異常な発熱状態になる．必要以上に長いコードを使うのは避ける．

### (5) ビニールコードの内部での部分断線による異常発熱

床に這わせた配線や重量物の下敷きになっている配線では，内部で部分断線（半断線）が生じる恐れがある．

**対策**　配線を床，机の上に這わせるのは危ない．やむをえず床に這わせる場合は，カバーをつける．決して重量物の下敷きにしてはいけない．コードの部分断線は発見しにくいが異常発熱が起こるため，きわめて危険な状態といえる．

### (6) 経年変化による劣化と発火

機器類の経年変化による部品の劣化は発火につながる危険性がある．

**対策**　永年の使用に伴う機器の部品の劣化による火災事故は，一般家庭でも多発している．モーターが始動しにくくなって発火する事故も多い．使い込んだ機器類には異常がないか，十分に注意しなくてはいけない．

### (7) 動電気の火花による着火

機械的接点（スイッチ類）は正常な動作でも ON-OFF 時には火花が発生することがある．整流子やブラシつきのモーターは，スパーク，アークの火花が発生する．

**対策**　**引火性液体や可燃性ガスはスイッチやモーターの近くで使用および保管しない**．危険性が高い場所では，防爆型機器を使用するのがのぞましい（写真 6.1，写真 6.2）．なお，防爆型機器には用途に応じて可燃性のガス（蒸気）が内部に入らないように密閉されている防爆型スイッチ，万が一内部で爆発が起こっても外部に影響を及ぼさないようにつくられた耐圧防爆構造のモーターなどがある．停電対策として非常用の電源を確保し，そのコンセントに防爆型の冷蔵庫をつなぎ，低温下でないと分解や爆発する可能性のある化学

## 第 6 章　電気の危険

写真 6.1　防爆型換気扇

写真 6.2　防爆型冷蔵庫

物質を保管することは，安全上きわめて重要となる．

◆ コラム ◆

### たかが静電気，されど静電気

　冬の空気の乾燥した日に，部屋へ入ろうとして金属製のドアノブを握ったときや，水を出そうとして水道の蛇口をひねったときなどに，電撃によるショックを受けた経験をもつ人も多いだろう．こうした電撃によるショックを「静電気が走った」などと誰もが当たりまえのように使っている．ところが，この静電気は化学の現場において，非常に危険なものなのだ．

　針に触れてピクリと感じるが，痛みがない程度の静電気を受けたときの人体の帯電電位は 2.5 kV ほどだ．一方，針で刺された感じを受け，ピクリと痛む強さの電撃を受けたときの人体の帯電電位は，3.0 kV ほどになる．

　人体がわずかに感じる程度の電撃の帯電量でも，可燃性ガスなどを着火させる危険性をもつ．そのため，結果として起こった静電気が原因の大きな爆発事故も多く知られている．安全対策としては，機械類の本体やケースにはアースを取りつけて帯電除去をおこなったり，多量の可燃性ガスを扱うときには，静電靴や静電衣を着用して作業をおこなったりするなど，つねに静電気には注意を払いながら作業をすることである．このように，身近なところにも電気による危険性が潜んでいるのだ．

章末問題　133

### 章 末 問 題

1. 次の説明で誤っているものを選べ.
   ① 感電の危険は人体に流れる電流量によって決まる
   ② 交流は直流より感電死する危険性は低い
   ③ 感電事故の救急時は，まず AED で心臓に電気刺激をあたえる
   ④ 頭部や心臓部に電流が流れると，少ない電流量で死亡する恐れがある

2. 感電防止の基本的な対策を選べ.
   ① 機械類の本体，ケースは必ず感電防止をしておく
   ② 配線，機械類の内部に触れるときは，必ず元電源を切っておく
   ③ 端子やコンセントは常に汚れないようにしておく
   ④ 濡れた手や汗ばんだ状態で配電盤を触らない
   ⑤ ①～④のすべて

3. 次の説明で誤っているものを選べ.
   ① 静電気，動電気ともに，発火源としての危険と感電の危険がある
   ② 化学物質を使う実験では静電気を軽くみてはいけない
   ③ タコ足配線は過電流が流れる最も危険な配線である
   ④ トラッキング現象を防ぐために，コンセントとプラグに隙間をつくらない

4. 次の説明で誤っているものを選べ.
   ① プラグの接触部には緩みをつくらない
   ② コードは強く束ねて使うほうがよい
   ③ コードをやむを得ず床に這わす場合は，カバーをつけておく
   ④ スイッチやモーターの近くでは，可燃性ガスや引火性液体を使用しない

5. 次の説明で誤っているものを選べ.
   ① 大電流を必要とする機器の配線は，家庭用のビニールコードでよい
   ② 可燃性のある化学物質を低温で保管するときには防爆用の冷蔵庫を使用する
   ③ 動電気の発火源として危険なのは，電気火花と発熱である

④ 化学物質を使う実験では，静電気に注意する必要がある

6. 次の説明で誤っているものを選べ．
   ① 石炭，プラスチック類，小麦粉，砂糖などでは，粉塵爆発の可能性はない
   ② アルミニウムやマグネシウムなどの可燃性金属粉は，自らの静電気で引火する危険性がほとんどない
   ③ 人が行動していると，着衣の摩擦でも静電気が発生する
   ④ 床の状態によって，静電気の危険性は変わる

# 第7章
# 安全とリスクに対する考え方

本章では,環境や生体への影響を理解するために,リスクとハザードについて扱い,"安全"とは何かを考える.労働安全衛生法の改正の経緯を取りあげ,リスク評価の重要性や化学物質の生体への影響について解説する.

## 7.1 安全とリスク

19世紀後半から20世紀にかけて化学工業が盛んになるとともに,数多くの化学製品が開発され,製造および流通することで,人々の生活は豊かになった.しかしその一方で,開発当時には想像もしなかった生体への健康影響や環境汚染問題を引き起こす例も現れた.電気機器の絶縁油として用いられたポリ塩化ビフェニル(PCB)や有機塩素系や有機リン系の殺虫剤および農薬として用いられたジクロロジフェニルトリクロロエタン(DDT),ディルドリンなどは発がん性や変異原性をもち,睡眠剤として用いられたサリドマイドも催奇形性をもつ.一方で,フロン類がオゾン層の破壊物質となることや,環境中で自然に分解しにくいマイクロプラスチックの蓄積など,それぞれ深刻な問題を引き起こすことになった.しかし,化学物質のなかには安全で有益なものも多く,すべての合成された化学物質の使用をやめることは現実的ではなく,安全なものと安全でないものをどう振り分けて管理していくかが大きな課題となってきた.

これまで化学物質の管理は,法律により毒性学にもとづいて**化学物質のハザード**(毒性や危険有害性)を考慮して規制するハザード管理が中心であった.しかし,化学物質の種類は指数関数的に増え,その使い方が多様化する

につれ，すべての化学物質について法律で一元管理することは現実的に難しくなっている．また，ハザードが低い化学物質でも大量に暴露または摂取すると人の健康を損ねたり，間違った取扱いをおこなった場合には火災や爆発，環境汚染など悪影響が及ぼされたりすることから，具体的な状況を把握できるものが自主的に暴露評価を含むリスクを評価して判断する責任を担う**"リスク"**をベースとした化学物質（または化学品）の管理が世界の主流となってきた．

ここでいう「リスク」は，ある事象を原因として，その結果起こると予想される好ましくない出来事をエンドポイントとして定め，「そのエンドポイントの発生する確率」あるいは「物質または状況が一定条件のもとで危害を生じる可能性」と定義される．それぞれのリスクは，その危害の重大性（大きさ）と確率とで決まる危害の期待値として次式で定められる．

化学物質による爆発や火災などのリスク，製品のリスクなど ＝ 事故による危害の大きさ × その事故の起こる確率

また化学物質の人体への健康に対するリスクは，ハザード（毒性や危険有害性）と暴露量の積で表される．

化学物質の健康に対するリスク ＝ ハザード × 暴露量（摂取量）

そもそも世の中には**"ゼロリスク（絶対の安全）"は存在しない**．リスクがどの程度小さいかという問題があるだけである．リスクが許容限界以下にある場合を**"安全"**という．リスクの許容レベルは状況により異なるが，潜在するリスクがゼロでなくても，そのリスクが受け入れ可能な範囲に収まっていれば，安全といってよい．すなわち，有害な化学物質も暴露しなければ健康や環境に対する実質的な被害はないと考える．安全と安心という言葉がセットでよく使用されることがあるが，**安全性は科学的評価が可能なのに対し，安心は個人的な心理にもとづくもの**で個体差が大きく，誤った知識により安心感が得られず過剰に不安になったり，安全に対する理解が不十分のまま情報を信頼してしまったりする場合がある．

ゼロリスクを求めるのは無理であり，リスクを無視できるように管理する

## 7.1 安全とリスク

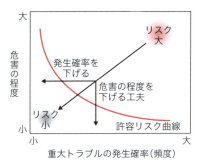

図 7.1　リスク軽減のためのアプローチ

ことが"**リスク管理**"であり，そのためにリスクのレベルを見積もることが"**リスク評価**"である．原則的にゼロにはできないリスクの大きさがどの程度ならよしとするか，受け入れられるとするかの判断基準の問題である（図 7.1）．

近年，リスク管理の判断基準の設定をその化学物質がもたらすベネフィット（受益性）に依存して決める"**リスク-ベネフィット管理**"が注目されている．リスクを小さくするためには安全対策が必要となるが，企業にとっては安全対策の費用がかかることはベネフィットが小さくなるため好ましくない．ベネフィットの大きい新しい技術や化学物質を社会で活用するには，ベネフィットがリスクよりも大きく，安全対策により受け入れられるレベルのリスクかどうかというリスクとベネフィットのバランスで決定しようという考え方である．しかし，ベネフィットの評価には価値観や政策も関係する問題であり，定量的な議論は簡単ではない．また，原子力発電所の再稼働問題に見られるように，ある程度以上のリスクがあると一般市民には受け入れらないのが現状といえよう．

殺虫剤 DDT は第二次世界大戦時にはマラリアを媒介するハマダラカの駆除に特異的に有効なため，夢の化学物質として大量に製造・使用されていた．スイスの化学者 Müller は，DDT の殺虫効果の発見により 1948 年にノーベル生理学医学賞を受賞している．しかし，レイチェル・カーソンの出版した『沈黙の春（Silent Spring）』において DDT が難分解性，蓄積性のため食物連鎖により鳥類に濃縮し，その繁殖率の低下を招くことが指摘された結果，

DDT の使用は世界的に禁止された.

　しかしながら，アフリカなどの一部の地域ではいったん収束していたマラリア媒介蚊が再び急増して大量のマラリア病患者が発生し，多くの死者をだすこととなった．生態系の保全を優先するか，大量のマラリア患者を救うか．あちらを立てればこちらが立たずという"**トレードオフ(相反関係)**"のなかで，DDT を使用した場合と代替品を用いた場合の健康および生態系改善，経済性などを定量的に比較し，適切な対策を選択しなければならない．現在，WHO が示した方針にもとづき，一部の地域では DDT の使用が認められている．

## 7.2　リスク管理と予防原則

　化学物質による健康や環境への悪影響を防ぎ，安全を管理するには，化学物質のハザードを総合的に把握して対応するとともに，その化学物質のハザードと暴露量の関係からリスクを評価し，化学物質の製造時や使用時にリスクが顕在化しないように多角的，総合的にリスク管理を実施する必要がある．化学物質の安全管理では，リスク評価，リスク管理およびリスクコミュニケーションを関連づけて実施することが重要である(図 7.2)．

　リスク評価には，原因物質がわかっている場合もあるが，物質が特定できていない段階でリスクの大きいものを探す場合や，被害が出てから原因物質が何かを探す場合などがある．いずれの場合も，エンドポイントに何を選ぶかで結論が大きく変わるので，その選択が大切となる．化学物質の健康リスクの評価手順例を図 7.3 に示す．

　まず，動物実験や疫学調査にもとづきハザード(有害性)の程度，すなわち暴露量(摂取量)と悪影響のあいだの関係(暴露量–反応関係)を推定する．次に，暴露量や暴露経路を推定する．暴露経路は，問題の所在を知り対策を立てて管理をするうえで重要となる．これらに不確実性に関する解析結果をつ

け加えてリスク評価がおこなわれる．この評価結果をもとに環境基準や水質基準，食品中残留基準，食品への添加量などが決められ，リスク管理につながる．

科学技術は不確実なリスクを伴うものであり，環境にかかわる問題もその

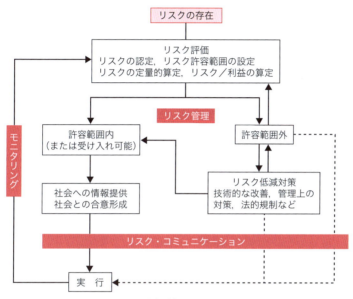

図 7.2　化学物質の安全管理の流れ

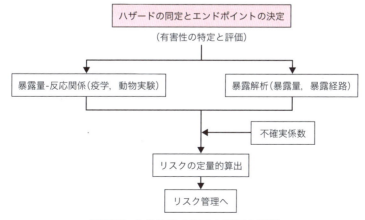

図 7.3　化学物質のリスク評価の手順

影響や被害，損失に関して科学的に証明することがなかなか難しく，因果関係の証明に時間がかかる問題も多い．気候変動の問題にしても，その見解は科学者間でさえ一致しているわけではないし，不確実性の存在によりこれらは明確に区別できるものではなく，多くの限界が存在する．しかし，結果が明らかになるまで対策を先送りすれば，未来世代にリスクを負わせることにもなりかねない．

そこで近年，このようなケースに対処する方法として，「原因と影響の関係が科学的に十分に解明されていない場合でも，予防的措置が取られるべきである」という"**予防原則**"の考え方が提唱されている．この考え方は，もともと 1970 年代に西ドイツの環境政策において，対症療法ではなく予防的に環境保全をおこなうことを目的に提唱された．海洋汚染や酸性雨による森林被害に対して適用し，国際的な支持を集めている．この概念は 1992 年の地球サミット（リオデジャネイロ）以降に国際的な行動規範として定着した．リオ宣言の第 15 原則には，この概念が述べられており，実施するための行動プログラムとして環境と開発に関する行動計画「アジェンダ 21」がまとめられた．

環境を保護するための予防的方策は，各国により，その能力に応じて広く適用されなければならない．深刻な，あるいは不可逆的な被害の恐れがある場合には，完全な科学的確実性の欠如が，環境悪化を防止するための費用対効果の大きい対策を延期する理由として使われてはならない．

さらに，2002 年の持続可能な発展に関する世界首脳会議 (World Summit on Sustainable Development；WSSD) において「2020 年までにすべての化学物質を人の健康や環境への影響を最小化する方法で生産・利用する」という目標が合意され，その後，戦略・行動計画として「国際的な化学物質管理に関する戦略的アプローチ (Strategic Approach to International Chemicals Management；SAICM)」が採択された．これに合わせ日本をはじめ欧米各国は化審法や REACH (Registration, Evaluation, Authorisation and Restriction of Chemicals) や有害物質規制法 (Toxic Substances Control Act；TSCA) といった法規制を整備および見直し，化学物質の適切な管理に取り組んでいる．

## 7.3 化学物質の生体への影響

図 7.4 に生体に対する化学物質の影響曲線を示す．縦軸は健康から疾病，死亡へと移行していく医学的障害の経過を，横軸は化学物質の暴露量による生体の変化を表しており，化学物質の生体吸収量の増加に伴って生じる生体影響を 1 本の曲線で示している．化学物質の生体影響は，化学物質の作用を表す量との関係から無作用量(無影響量)，作用量(影響量)，中毒量，致死量として示される．

化学物質の生体吸収量が少なく，その暴露が持続しない範囲では生体は正常に調節され，恒常性が維持されて健康だといえる．暴露量が増加して化学物質の生体影響が現れても，ある程度までは代償調節機能が働いて正常機能が維持される．図中の色の破線は代謝調節機能の限界を示しているが，これよりも生体吸収量が多くなったり，暴露が持続したりすると生体機能が衰弱し，機能障害により発病する．さらに，暴露量が増えると回復可能な段階から回復不可能な段階へと進行し，永久的な障害となり死に至る経過となる．

化学物質を安全に取り扱い，有効に利用するためには，化学物質のハザー

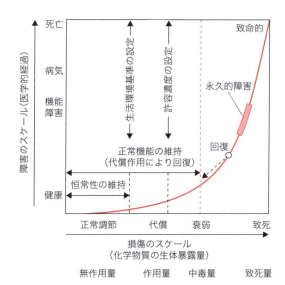

**図 7.4** 生体に対する化学物質の影響曲線
T. F. Hatch, *Arch. Environ. Health*, **27**, 231 (1973).

ドに関する危険性データや関連する法令の取り扱い基準(基準量や基準濃度)などに十分に目を通し，これらの基準を超えて暴露しないように十分に注意を払って取り扱う必要がある．また，**有害な化学物質は保管や廃棄作業においても使用時と同様の注意を払うことが求められる**．作業(使用)環境基準や保管基準，廃棄基準に従って，使用・保管・廃棄作業をおこない，取り扱う際に周囲および自らを危険にさらさないように注意を払うことが大切である．

### (1) 一般毒性化学物質の安全な取り扱い

一般生活者の環境基準は，恒常性が維持（正常調節）される範囲に設定されている．有害な化学物質を取り扱う産業職場や研究室などでは，作業者の健康障害の防止および健康の保持のために，労働安全規則に規定された作業基準値（暴露許容基準）に従って作業をおこなう必要がある．各国とも許容濃度(threshold limit value；TLV)あるいは管理目標濃度を設定しており，日本では日本産業衛生学会，アメリカではアメリカ産業衛生専門家会議(American Conference of Govermental Industrial Hygienists；ACGIH)の勧告値が用いられている．

作業環境の許容濃度（TLV，厚生労働省では"管理濃度"と称する）は，労働時間が「1日8時間，1週間40時間以下」で，労働負荷量が「中程度以下」の労働者を対象に「臨界影響とよばれる最も軽度な健康影響が，ほとんどの労働者で発生しないことが期待される平均暴露濃度」として，正常機能が維持できる範囲に設定されている．すなわち，作業場においてその化学物質に連日暴露を繰り返しても作業者の健康に悪影響を及ぼさないための作業環境の気中濃度の限界値として定められている．

一方，刺激や麻酔のように短時間の暴露で発生する健康影響を予防するためには，8時間の平均暴露濃度を規定することは無意味であり，短時間(瞬間)暴露濃度の許容最大値(天井値)で暴露限界を規定している．

### (2) 遺伝子毒性化学物質の安全な取り扱い

人に対する発がん性の免疫学的証拠が得られている化学物質(IARC，p.78 表3.9参照)による分類で第1群に属する発がん性物質)を取り扱う場合には，法律に定められた基準を守るだけではなく，代替可能であればただちに生産や使用を禁止し，代替物質に変更する．日本では，ベンジジン，2-ナフ

チルアミン，4-アミノジフェニルの工業的な生産や使用が禁止されている．ベンゼンのように現実的に代替可能な物質を，あえて使用する際においては技術的に可能なかぎり暴露を低く抑制することによって，発がんリスクの低減をはからなければならない．第 2 群 A と第 2 群 B の化学物質（p.78 参照）についても発がんの可能性を常に考慮し，暴露濃度の低減に努力することが求められている．変異原性物質についても同様の考え方で取り扱う．

## 7.4　労働安全衛生法の改正とリスク評価の義務化

化学物質に暴露する職業に従事している者とがんの発症の関係については，1775 年に Pott（イギリス）が煙突掃除人に陰嚢がんを発症することを見つけたのが最初であり，煙のなかにあるベンゾピレンなどの芳香族炭化水素が原因と考えられている．このように，業務上特定の化学物質の暴露を受ける者の職業病から毒性や発がん性が判明したものが知られている．発がん性が明らかになっているものとして，ベンゼン，2-ナフチルアミン，芳香族アミン，塩化ビニル，アフラトキシン，コールタール，六価クロム，アスベスト（石綿），ヒ素，ラジウム，放射線，X 線，紫外線などがある（3.5 節参照）．

たとえば図 7.5 に示したように，ベンゼンはシトクロム P450 によってベンゼン環自体がヒドロキシ化される結果，フェノールや発がん性のヒドロキノンが生成される．大部分はグルクロン酸や硫酸によりフェノールが抱合されて，より水溶性の高い物質に変換され尿として排出されるが，ヒドロキノンは骨髄に障害を与え白血病などの発症にかかわることがわかっている．しかし，トルエンはベンゼン環よりもメチル基の反応性が高いため，発がん性をもつ分子は生成されにくい．このメチル基部位の酸化により安息香酸が生成され，さらに抱合反応を経て体外に排泄される．このような生体への健康影響から，塗料の溶剤としてのベンゼンの使用は禁止され，トルエンなどが代替物質として使用されている．しかし，ベンゼンやトルエンのようなメチル基の有無や 2-ナフチルアミン（発がん性あり，製造および使用ともに禁止）と 1-ナフチルアミンのような置換基の位置など化学構造による発がん性や毒性の違いの理由について，不明な化学物質はいまだ数多く存在している．

日本では日常的に化学物質の暴露を受ける労働者の安全と健康を確保する

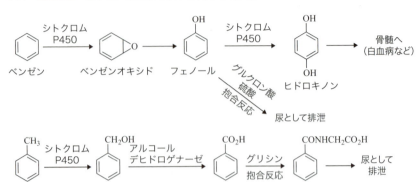

図7.5 生体内におけるベンゼンおよびトルエンの代謝

ために，1972年に労働安全衛生法（以下，安衛法）が制定された．安衛法は，労働基準法と関連しながら，労働災害の防止のための危害防止基準の確立，責任体制の明確化および自主的活動の促進の措置を実施して，労働災害の防止に関する総合的かつ計画的な対策を推進することにより職場における労働者の安全と健康を確保して，快適な職場環境とすることを目的としている．過去10年間における化学物質による業務上の疾病者数は，全体的に減少傾向にあるものの依然として無視できない人数となっている．そのため，最近の社会情勢の変化や労働災害の動向に即応し，労働者の安全と健康の確保対策を一層充実させるために，2014年6月25日に「**労働安全衛生法の一部を改正する法律**」が公布された（図7.6）．

　この安衛法の改正には，化学物質に起因する業務上の疾病のなかでも，がんを発症した労働災害の事案が大きく影響している．2012年3月に大阪府の印刷会社において，化学物質の使用により胆管がんを発症した旨の労災請求があり，その後ほかの印刷会社でも同様の労災の発生が相次いで明らかとなった．これを受けて厚生労働省は，全国の561事業場への立ち入り調査，18,000事業場を対象とする通信調査，医学専門家などで構成される検討会を実施し，胆管がんと業務との因果関係について検討した．その結果，印刷機のインクを落とす洗浄剤に含まれる1,2-ジクロロプロパンやジクロロメタンに長期間にわたり高濃度で暴露されたことが原因で胆管がんを発症した

## 7.4 労働安全衛生法の改正とリスク評価の義務化

$$ClCH_2CHCH_3$$
$$|$$
$$Cl$$

1,2-ジクロロプロパン

$$CH_2Cl_2$$

ジクロロメタン

蓋然性が高いとする報告書がまとめられた．

しかし，当時の安衛法では，原因とされた 1,2–ジクロロプロパンは特別規則の対象物質となっておらず，特別規則対象外の物質のリスク評価は努力義務（労働安全衛生法第 28 条の 2）であった．そのため，事業者はリスクを認識しておらず，リスク評価の実施およびその結果を考慮に入れた安全確保のための措置を取っていなかった．このような状況下において胆管がんが発生した事案であったことから，安衛法の見直しにより，2013 年 10 月より 1,2–ジクロロプロパンは特定化学物質として規制され，2014 年 6 月 25 日に公布された「**労働安全衛生法の一部を改正する法律**」では，一定の危険性・有害性が確認されている化学物質，すなわち労働安全衛生法第 57 条の 2 および同法施行令第 18 条の 2 にもとづいて事業間で対象物質を譲渡または提供する際に**安全データシート (safety data sheet；SDS) の交付義務の対象となっている 640 の化学物質**（2014 年 10 月現在）**について，リスク評価の実施が義務づけられた**（2016 年 6 月 1 日より施行）．

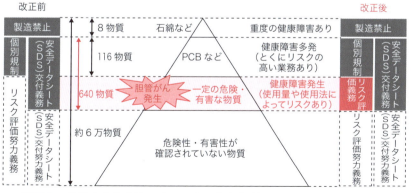

**図 7.6** 労働安全衛生法の改正による化学物質のリスク評価の実施義務の概要

出典：厚生労働省，『労働安全衛生法の一部を改正する法律（2014 年法律第 82 号）の概要』をもとに作成．

この改正で義務化された化学物質に関するリスク評価の実施およびストレスチェックの実施（従業員50人以上の事業者が義務対象）などは当然ながら事業者に新たな負担を課すこととなった．**「特定化学物質の環境への排出量の把握等及び管理の改善の促進に関する法律」**（化学物質排出把握管理促進法，以下「**化管法**」）にもとづくSDS制度では，事業者による化学物質の適切な管理の改善を促進するために指定化学物質（第一種指定化学物質および第二種指定化学物質），または指定化学物質を規定含有率以上含む製品を国内のほかの事業者に譲渡または提供するときまでに，その特性および取り扱いに関する情報（SDS）を事前に提供することが義務づけられている．それとともに，ラベルによる表示に努めるよう規定されており，事業者間での取引において提供されるものである．

 一方，この改正において化学物質を取り扱う労働者の安全を目的としているリスク評価の実施では，実施義務を負う対象事業者は，SDSの交付義務を負う事業者とは必ずしも重複せず，農林漁業，鉱業，建設業，医療・福祉，洗濯・理美容，飲食・宿泊業・浴場，廃棄物処理などさまざまな業種に及んでいる．そのため，多くの化学物質を取り扱う事業者ではリスク評価の実施による作業量が増える．また，はじめてリスク評価を実施する事業者では化学物質に詳しい担当者がいるとはかぎらず，局所排気装置や換気装置といった費用負担とともに困惑する場合も想定される．これからは化学メーカーだけでなく，中小を含めた化学物質の使用事業者がリスク管理をおこなえるようにしなければならない．これに対して，政府ではリスク評価の実施がはじめてであっても簡単に実施が可能となるように"コントロール・バンディング"とよばれる支援ツールを公開している．詳細については厚生労働省・職場のあんぜんサイト「リスクアセスメントの実施支援システム」(http://anzeninfo.mhlw.go.jp/risk/risk_index.html)を参照されたい．

 一方，一般社団法人日本化学工業協会は，リスク評価支援サイト「BIGDr」を2015年から提供（同協会会員向け）している．さらに，福井大学では登録により学外者でも利用することができるリスク評価支援サイトを公開している．

章 末 問 題

1. ガソリンが入っていたドラム缶は，空になっても危険である．また，ガソリンが入っていたタンクに灯油を注入する場合にも，爆発および引火の危険性が増大するといわれる．表 1.12 を参照し，なぜ危険性が増大するのか説明せよ．

2. ある職場においてトルエンの 8 時間平均濃度を 1 週間 (5 日間) 測定し，次の結果を得た．
   測定値　25 ppm，43 ppm，65 ppm，36 ppm，17 ppm
   許容濃度と比較する値が ① 8 時間平均濃度および ② 40 時間平均濃度の場合，暴露状態はどのように判断されるか．ただし，トルエンの許容濃度は 50 ppm とする．

3. 次の文で正しい表現はどれか．
   ① GHS は化学物質の有用性や用途の基準を表示するシステムである
   ② リスク管理は，発見されたリスクからただちに対策を講じて，リスクを消滅させていく活動である
   ③ 労働安全衛生法は，職場の安全と健康を確保し，快適な職場環境の形成を促進することを目的としている
   ④ ①〜③すべて正しい

4. 2014 年 6 月 25 日の「労働安全衛生法の一部を改正する法律」の公布によって"リスク評価の実施"以外に改正された項目について調査せよ．

5. 2012 年に大阪府の印刷会社において，化学物質の使用により胆管がんを発症した旨の労災請求があり，その後ほかの印刷会社においても同様の労災の発生が相次いで明らかとなった．このときに因果関係が明らかとなった化合物は何か．

6. 次の文で正しい表現はどれか．
   ① 化学物質の人体への健康のリスクは，ハザードと暴露量 (摂取量) の積で表される

148 第7章　安全とリスクに対する考え方

② ゼロリスク(絶対の安全)は存在する
③ 安全と安心は同じ意味である
④ ①〜③すべて正しい

7. 次の文で正しい表現はどれか.
① リスク評価では，エンドポイントに何を選ぶかで結論が大きく変わる場合がある
② 化学物質の生態影響は，無作用量(無影響量)，作用量(影響量)，中毒量，致死量として示される
③ 有毒な化学物質は保管や廃棄作業においても使用時と同様に注意を払う必要がある

8. 次の文で正しい表現はどれか.
① 化学物質を安全に管理するためには，リスク評価をしっかり実施していれば十分である
② 科学技術や化学物質のリスク管理のためには，不確実性が存在し，また環境や生体への化学物質の影響の因果関係が科学的に十分に解明されないとしても，予防的措置を講ずるべきである
③ 麻酔や刺激のような短時間の暴露で発生する健康影響を予防するために，労働時間が1日8時間で，週40時間以下で中程度以下の労働負荷量の労働者に影響がでないように許容濃度が設定されている
④ ①〜③すべて正しい

# 第 8 章 化学物質の生体への影響

　日常生活において，われわれはさまざまな化学物質に囲まれている．本章では，化学物質の影響を理解するために暴露量−用量関係と基準値，生物濃縮について解説し，食品に含まれる食品添加物や放射性物質の影響などについて解説する．

## 8.1　化学物質の体内動態

　人はさまざまな経路から化学物質に暴露されるが，吸収された化学物質は新陳代謝の経路に従って，移動，分布，蓄積，代謝，排せつの過程をたどり，体内での循環のあいだに，悪影響すなわち毒性が発現される．化学物質の体内分布を支配する因子には，血流量，血漿タンパク質と化学物質との結合率，化学物質の物理化学的特性などがある．

　吸収経路としては，呼吸，皮膚および消化器がある．呼吸および皮膚から吸収された化学物質はおもに血流により体内の各器官に運ばれ，分布する．経口で体内に入った化学物質のうち一部の化学物質は胃内で溶解するが，多くの場合は腸管内で溶解し，その後吸収される．不溶性の物質は事実上吸収されることはない．また，極性の高い物質は一般に吸収の程度が低く，吸収速度も低い．消化管から吸収された化学物質は，門脈を経て肝臓を通過し，静脈に入ったのち，肺を通過し全身循環に入る．肝臓は化学物質の代謝酵素に富んでいるので，多くの化学物質は肝臓を通過する際に代謝分解される．代謝されなかった物質および代謝産物が血流に乗って全身に運ばれ，その後排せつや蓄積が起こる．

血流に乗って全身に運ばれた化学物質のうち,脂溶性の物質は脂肪組織に蓄積し,カルシウムと結合しやすい物質やカルシウムと似たような性質の物質は骨などに蓄積する.また,体内には血液脳関門,胎盤関門があるため,血流中のすべての化学物質は脳や胎児に移行するわけではないが,脂溶性の高い物質は移行してしまう.

人は,日常生活において食品添加物,防腐剤,農薬,重金属類など多種の化学物質を非意図的に取り込んでいるだけではなく,喫煙や化粧品の塗布,医薬品などからも化学物質を取り込んでいる.そのため,体内に入った化学物質をできるだけ速やかに体外に排泄するために,生体は肝臓や腎臓,肺,小腸などの細胞内のミクロソーム(小胞体)とよばれる器官で,薬物代謝系を用いて化学物質を排泄しやすい水溶性の物質に変換している(解毒作用).

化学物質の代謝は,一般に2段階の反応でおこなわれる.第1相反応では,酸化,還元,加水分解などがおこなわれ,ヒドロキシ基のような第2相の抱合反応が起こりうる官能基をつけ加える.第2相反応では,グルクロン酸や硫酸などが導入され,より水溶性の高い物質に変換される(抱合反応).代謝により水溶性が高まった化学物質は,おもに尿,糞および呼気から体外に排泄される.皮膚や毛髪,母乳など特別な経路を通じての排泄もある.

## 8.2 化学物質の毒性と暴露量−反応曲線

**化学物質の毒性による影響**は,① 暴露モード(急性か,慢性か,局所的か,全身的か),② 暴露量,③ 化学物質の濃度,④ 暴露時間および頻度,⑤ 化学物質が含まれる媒体,⑥ 移行経路,⑦ 化学物質の物理的・化学的性質といった多くの因子によって変化する.通常,生体内の化学物質の濃度は,代謝が正常におこなわれるように,ある濃度領域に保持されている.しかし,必須栄養素などは暴露量が少ないと欠乏症を発現し,ついには生物死を招く場合がある.また,同じ影響が通常の濃度以上で発現したり,カルシウムやナトリウムのように多くても少なくても影響が現れたりする場合もある.

化学物質による毒性の程度や種類は,ある実験条件下での暴露量−反応曲線で表される(図8.1).暴露量とは,"生物の単位質量あたりの暴露した化学物質量"で,反応は"暴露による生物への影響の種類(死や障害など)"

## 8.2 化学物質の毒性と暴露量–反応曲線

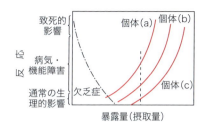
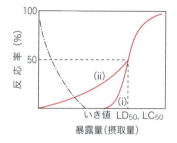

**図 8.1** 個体に対する暴露量–反応曲線　**図 8.2** 集団に対する暴露量–反応曲線

である.しかしながら,同じ暴露量を受けても影響を受けやすい個体 (a) や,受けにくい個体 (c),その中間の個体 (b) など,生物個体間でも感受性に大きな差異があるため,暴露量–反応関係は大きなばらつきを示す.毒性に対して非常に敏感でわずかな暴露量でも影響を受ける生物個体を **過敏症**(hypersensitivity),一方かなりの暴露量でも影響を受けにくい生物個体を **過少感受性**(hyposensitivity)という.

一般に,集団に対する暴露量–反応曲線はシグモイド曲線〔S字状曲線,曲線 (i)〕で表される (図 8.2).その中央点 (変曲点) に対する暴露量は,反応を生物の死とした場合に被験生物の 50% が死ぬ量または濃度であり $LD_{50}$ または $LC_{50}$ とよばれる (第3章3.1節参照).影響が現れない最大の摂取量 (反応率がゼロを与える最大暴露量) を「いき値 (threshold) または **NOAEL** (**無毒性量**:no observed adverse effect level)」という.このような変化を示す影響の種類を "一般毒性" といい,発現部位によって肝毒性,呼吸器毒性,造血器毒性などとよぶ.

また,その毒性の発現の仕方によって急性毒性または慢性毒性に区分されている.これに対し遺伝子に直接作用して発生する影響の種類を "遺伝子毒性" といい,発がん性,催奇形性,変異原性などが知られている.通常,生体には解毒作用があるのでいき値が存在するが,遺伝子毒性の暴露量–反応関係は "いき値が存在することが証明されない" かぎり "いき値がない" ものとして扱われる〔曲線 (ii)〕.現在,遺伝子障害作用による発がん性と生殖細胞に対する突然変異性などの発現に関しては,いき値がないと考えられている.暴露量に応じて 0 でない確率で影響が発現すると考えるので "確率的影

響"ともいう.

　NOAELがわかると，農産物や食品の生産，製造，加工過程において意図的に使用される物質（農薬，添加物など）の**一日摂取許容量**（acceptable daily intake；**ADI**）が求められる．ここで，ADIはある化学物質を人が生涯にわたり毎日摂取し続けても影響が出ないと考えられる1日あたりの摂取量/体重1kg（単位はmg/kg bw/day）と定義される．しかしながら，事故による偶然のデータなどがある物質を除いて人のNOAELを求める実験はできないため，動物実験によって求めたNOAELを安全係数で割ってADIを求める．

　安全係数は，有害性データから基準値を決める際の不確実さ（感受性）を考慮し，基準値が安全側になるよう導入される．動物（マウスやラット）と人の種差間による不確実さを10，人の個体差間による不確実さを10として，それらを掛け合わせた100を一定の安全率(不確実性係数, uncertainly factor；UF, 不確実性係数積UFsということがある)としている．

$$ADI = \frac{無毒性量(NOAEL)}{不確実性係数積(UFs)}$$

> **【例】硝酸塩のADI**
>
> 　国連食糧農業機関（Food and Agriculture Organization of the United Nations；FAO)/世界保健機関（World Health Organization；WHO），合同食品添加物専門家会合（FAO/WHO Joint Expert Committee on Food Additives；JECFA）は，硝酸塩のADIの推定に際して硝酸塩の主要な摂取源となる野菜からどの程度血液に取り込まれるかのデータが得られておらず，硝酸塩を摂取後，体内でニトロソ化合物を生成するメカニズムがよくわかっていないため，野菜から摂取する硝酸塩の量を直接ADIと比較したり，野菜中の硝酸塩について基準値を設定したりすることは適当ではないとしている．1995年，JECFAはADIを体重1kgあたり硝酸塩として5mg（硝酸イオンとしては3.7mg）と推定した．硝酸塩のADIは，ラットに異なる濃度の硝酸ナトリウムを含む食餌を2年間与え，生長が抑えられない濃度1％を換算した370mg/kg bw/day（硝酸イオンとして）(Lehman, 1958)を100で割った3.7mg/kg bw/dayを用いて設定されている．

これらの値から食品添加物の添加量や環境基準が決められるが，不確実性係数の曖昧さゆえに，毒性に大差はないと思われる物質の基準値が大幅に異なる場合がある．このため，データの信頼性などを考慮してさらに大きな係数を用いることもある．

## 8.3 化学物質の生物への濃縮性と分配係数

これまで，化学物質の毒性はその取り込まれた量によって規定されるとされていた．しかしながら，生体に影響を与えないはずの環境中に微量に残留した化学物質〔例：内分泌攪乱化学物質（環境ホルモン），有機リン系農薬〕が生体に悪影響を及ぼすなど毒性学の基本概念を根底から覆し，化学物質の生物への濃縮性が社会的に問題となった．

ある化学物質が生物濃縮性を示すかどうかは，対象とする化学物質を溶解した溶液中で生物を飼育することで化学物質に暴露させ，生物体内中と水中

◆ コラム ◆

### 用語のまとめ

- **耐容一日摂取量**(tolerable daily intake；TDI)

  ADI 同様に，意図的に加えるのではなく本来混入することが望ましくない汚染物質（カビ毒など）の場合に用いるものとして，人が生涯毎日摂取しても健康上悪影響がないと推定される化学物質の 1 日あたりの最大摂取量をいい，動物の無毒性量／体重の 100 分の 1 とすることが多い．なお，汚染物質が体内に蓄積する性質がある場合は，1 週間あたりの最大摂取量 PTWI または 1 か月あたりの最大摂取量 PTMI が用いられる．

- **ハザード比**(hazard quotient；HQ) $= \dfrac{\text{EHE（人への推定暴露量）}}{\text{TDI（耐容一日摂取量）}}$

  値が 1 より大きい，すなわち EHE が TDI を超える場合にはリスクありと評価し，1 以下すなわち EHE が TDI を超えない場合にはリスクなしと評価する．

- **無影響量**(no observed effect level；NOEL)

  試験動物に化学物質をある一定期間投与したときに有害な影響を与えない量．体重 1 kg・1 日あたりの mg で示す．

第 8 章　化学物質の生体への影響

### 表 8.1　魚を用いる濃縮試験（OECD テストガイドライン）

| | |
|---|---|
| 推奨魚種 | ゼブラフィッシュ，コイ，メダカ，グッピー，ニジマスなど |
| 試験期間 | 取り込み　28 日，28 日で平衡に達しない場合には平衡時または 60 日の短いほう<br>排泄　95％消失あるいは取り込みの 2 倍の期間の短いほう |
| 試験水の分析 | 取り込み時 5 回，排泄時 4 回 |
| 溶存酸素 | 飽和時の 60％以上 |
| 水温 | 推奨される水温，変動 ± 2℃ |
| 水の交換 | 流水式 |
| 給餌 | 1 日に体重の 1～2％程度 |

での化学物質の濃度が平衡になった時点で両者の濃度比を求めることにより評価される．OECD では生物濃縮性の試験として表 8.1 のようなガイドラインを定めている．日本国内における試験方法の詳細については，「新規化学物質等に係る試験の方法について」(2011 年) を参照されたい．

平衡時の生物体内中の化学物質 $C_f$ の濃度および平衡時の水中の化学物質の濃度 $C_w$ が求まると，次式によって **生物濃縮係数**（bioconcentration factor；BCF）を求めることができる．

$$\mathrm{BCF} = \frac{C_f}{C_w}$$

また，BCF は化学物質の生体中への取り込み速度 $k_1$ と排出速度 $k_2$ からも表すことができる．

$$\mathrm{BCF} = \frac{k_1}{k_2}$$

この BCF 値が大きいほど，生物の体内に化学物質が濃縮しやすいことを示している．POPs 条約（persistent organic pollutants；POPs，残留性有機汚染物質）における選別基準は 5000 以上となっている．BCF が 5000 の場合，環境中の濃度と比較して生物の体内中の濃度が 5000 倍に濃縮されていることを示す．しかし，生物試験による化学物質の生物濃縮性の調査は，長い時間と手間のかかる操作が必要であり，コストもかかる．また，生物の

8.3 化学物質の生物への濃縮性と分配係数

個体差が大きいため再現性のある値を取ることが難しい．そのため，生物濃縮性をその化学物質の疎水性から評価する試みが古くからおこなわれている．

疎水性の評価の指標として，オクタノールと水の二つの溶媒間に対象とする化学物質を溶解させた際のオクタノール中の化学物質濃度 $C_o$ と水中の化学物質濃度 $C_w$ の比より求めた分配係数 $P_{ow}$ が用いられている（国外で販売されている試薬のSDSには，分配における平衡定数の $K_{ow}$ で記述されている場合が多い）．

近年，オクタノール/水分配係数に代わって，デキストランやポリエチレングリコールなどの水溶性高分子と電解質のリン酸塩を水に溶解させると水が二つの液相を形成する"水性二相分配系（aqueous two-phase system）"を利用した分配係数の測定が提案されている．この水性二相系は有害な有機溶

◆ コラム ◆

### オクタノール/水分配係数による方法の利点と問題点

分配係数 $P_{ow}$ は，安全データシート（SDS）の「9. 物理的及び化学的性質」に対数値の $\log P_{ow}$ で記載されている（国外で販売されている試薬のSDSには $\log K_{ow}$ で記述されている場合もある）．その数値が大きいほどその化学物質は油脂に溶けやすく，水に溶けにくい，すなわち生物体内に蓄積しやすいことを示している．オクタノール/水分配係数を求める方法は簡単な化学的操作のみなので，短時間で求めることができ，しかもコストもあまりかからないという利点があり，オクタノール/水分配係数とBCFとはよい相関を示すことが知られている．

しかしながら，オクタノールと水の溶液平衡の組成は，厳密には生物の内部と外部における水の関係とはかなり異なるので，相関からかなり外れる化学物質もある．一般に，$P_{ow}$ が大きくなるにつれて生物濃縮性も大きくなるが，$\log P_{ow}$ が6を超えると逆に生物濃縮性が低下するものが出てくる．これは分子サイズが大きくなるとともに疎水性は大きくなり $P_{ow}$ も大きくなるが，分子が大きくなりすぎて分子の断面の幅が0.98 mmを超えると，魚類のえらの細胞膜における透過性が減少するためと考えられている．POPs条約における選別基準は $\log P_{ow}$ が5以上となっている．

媒を使用しておらず,また,オクタノール/水系よりも生物濃縮係数に対してより高い相関性を示すことが見いだされている.

　生物濃縮性は,生体中の脂肪含有量や個体質量あたりの表面積の割合,あるいは,魚類などでは鱗があるかどうかなどの表皮の状態の違いといったさまざまな因子が影響を受けることが知られている.また,生物濃縮性は生物の種類や成長段階によっても異なることや,温度や酸素量,pHなどの水質条件にも大きく依存することも知られている.分配係数が生物への濃縮性を示しているのに対して,実験的に求められるBCFはより正確な測定値なので,可能であれば実測値のBCFを優先して採用し,BCFデータが利用できない場合には$\log P_{ow}$を採用するとよい.

## 8.4　健康に対する食品のリスク評価

　WTO/SPS協定のもとでの食品安全政策の国際的調和が進められるなか,BSE問題を発端として2001年に食品安全行政の不備が明らかとなり,2003年の食品安全基本法の制定など法制度および行政体系が再編されることとなった.しかし,消費者にとっては新たに製造および使用される食品添加物や食品に残留する農薬,人や動物に使用される医薬品,遺伝子組換え食品や特定保健用食品などの新規開発食品,健康に有用と思われる成分を抽出したサプリメント,放射性物質を含む食品における毒性やアレルギー疾患などのリスクや問題が懸念される.それに対して,厚生労働省は食品安全委員会による評価を受け,人の健康を損なう恐れのない場合にかぎって,成分の規格や使用基準を定めたうえで使用を認めており,国民1人当たりの摂取量を調査するなど,使用が認められた食品添加物などの安全の確保に努めている(ただし,特定保健用食品などは消費者庁が許可).また,厚生労働省,消費者庁,農林水産省や内閣府食品安全委員会は,放射性物質を含む食品中の基準値や食品による健康影響,国や地方自治体における検査体制,生産現場での取組みなどが理解されるように,消費者と専門家がともに参加する意見交換会などを開催している.

　三大栄養素の一つ,脂質に含まれている脂肪酸は,人間のエネルギー源や細胞をつくるのに必要なため,食品を通してバランスよく摂る必要がある.

オレイン酸　　　　　　　　リノール酸

**図 8.3**　天然の不飽和脂肪酸の例（いずれもシス型の構造）

食品から摂る量が少なすぎると，健康リスクを高めることがある．一方で，脂質は炭水化物，タンパク質に比べて同じ量あたりのエネルギーが大きいため，とりすぎた場合は肥満などによる生活習慣病のリスクを高めることも知られている．

　天然の不飽和脂肪酸はふつうシス型（水素原子が炭素の二重結合をはさんで同じ側についている）で存在している（図 8.3）．これに対して，トランス型（水素原子が炭素の二重結合をはさんでそれぞれ反対側についている）の二重結合が一つ以上ある不飽和脂肪酸をまとめて"**トランス脂肪酸**"とよんでいる．牛や羊などの反芻動物では，胃のなかの微生物の働きによってトランス脂肪酸がつくられるため，肉や牛乳，乳製品のなかに微量のトランス脂肪酸が含まれている．サラダ油などの植物油も，精製する工程で好ましくない臭いを取り除くための高温処理によって，微量のトランス脂肪酸が含まれている．また，常温で液体の植物油や魚油から半固体または固体の油脂を製造する加工技術の一つ「水素添加」によってもトランス脂肪酸が生成する場合がある．この方法で製造されたマーガリンやショートニングなどを原料に使用したパンやケーキ，ドーナツなどの洋菓子，揚げ物などにもトランス脂肪酸は含まれる．

　このトランス脂肪酸は食品からとる必要がないと考えられており，むしろ，とりすぎた場合の健康への悪影響が注目されている．トランス脂肪酸をとる量が多いと，血液中の LDL コレステロール（悪玉コレステロール）が増え，HDL コレステロール（善玉コレステロール）が減ることが報告されている．平均的な日本人よりトランス脂肪酸摂取量が多い諸外国の研究結果によると，トランス脂肪酸の過剰摂取により，心筋梗塞などの冠動脈疾患が増加する可能性が高いとされている．

また，肥満やアレルギー性疾患についても関連が認められているが，糖尿病，がん，胆石，脳卒中，認知症などとの関連はわかっていない．こうした研究結果は，トランス脂肪酸の摂取量が，平均的な日本人よりも相当程度多いケースの結果であり，平均的な日本人の摂取量では，これらの疾患リスクとの関連は明らかではない．

国際機関が生活習慣病の予防のために開催した専門家会合（食事，栄養及び慢性疾患予防に関する WHO/FAO 合同専門家会合）は，心血管系疾患リスクを低減し，健康を増進するために食品からとる総脂肪，飽和脂肪酸，不飽和脂肪酸などの目標値を 2003 年に公表し，トランス脂肪酸の摂取量を総エネルギー摂取量の 1% 未満（年齢や性別などにより異なるが 1 日あたり約 2 g に相当）とするように勧告をしている．

この勧告を受け，トランス脂肪酸の摂取量の水準が公衆衛生上懸念される国では規制している国もあるが，日本人のトランス脂肪酸の摂取量は平均値で総エネルギー摂取量の 0.3% だとわかっており，2012 年に食品安全委員会が取りまとめた食品健康影響評価において，通常の食生活では健康への影響は小さいと考えられている．

生活習慣病の予防のため，先進国の多くは飽和脂肪酸やトランス脂肪酸などを含めた脂質の取りすぎについて注意喚起をおこなっており，バランスのとれた健康的な食生活を推奨している．トランス脂肪酸をとる量が多く，生活習慣病が社会問題となっている国では，加工食品中の飽和脂肪酸やトランス脂肪酸などの含有量の表示の義務づけや部分水素添加油脂の食品への使用規制，食用油脂に含まれるトランス脂肪酸の上限値の設定をしているところがある．たとえばアメリカでは，多くの食品に適用できる分析法を指定（AOAC Official Method 996.06）し，この分析法で測定したトランス脂肪酸の総量をまとめて表示するよう定めている．デンマークでは油脂の加工でできる炭素の数が 14 から 22 までのトランス脂肪酸を規制の対象としており，天然にできるものは除いている．一方，トランス脂肪酸の摂取量が少ない国々では，トランス脂肪酸について表示の義務づけや上限値の設定はおこなわずに，飽和脂肪酸とトランス脂肪酸の総量を自主的に低減するように事業者に求めている．

8.4 健康に対する食品のリスク評価  159

　厚生労働省が国民の健康の維持・増進，生活習慣病の予防を目的に定めている「日本人の食事摂取基準 (2015)」では，脂質に関しては総脂質と飽和脂肪酸，多価不飽和脂肪酸について一定の栄養状態を維持するのに十分な摂取量としての目標量や生活習慣病の予防のために現在の日本人が当面の目標とすべき摂取量としての目安量の基準を定めている．現時点で，日本において食品中のトランス脂肪酸についての表示の義務や含有量に関する基準値はない．また，トランス脂肪酸だけではなく，不飽和脂肪酸や飽和脂肪酸，コレステロールなどの他の脂質についても表示の義務や基準値はない．

　食品安全委員会は，2012年に食品に含まれるトランス脂肪酸に関する食品健康影響評価 (リスク評価) の結果を公表した．そのなかで，「リスク管理機関においては，今後とも日本人のトランス脂肪酸の摂取量について注視するとともに，引き続き疾病罹患リスク等に係る知見を収集し，適切な情報を提供することが必要である．」としている．詳細は，食品に含まれるトランス脂肪酸 (内閣府食品安全委員会，食品健康影響評価) http://www.fsc.go.jp/sonota/trans_fat/iinkai422_trans-sibosan_hyoka.pdf を参照されたい．

　天然にあるトランス脂肪酸を減らすのは難しいと考えられるが，油脂の加工でできるトランス脂肪酸は新たな技術を利用することで低減することができる．最近では，日本でも食品事業者による自主的な努力によって，トランス脂肪酸の含有量が従来よりも少ない食品が販売されている．

　**食品添加物**は，保存料，甘味料，着色料，香料など食品の製造過程または食品の加工・保存の目的で使用されている (表 8.2)．食品衛生法により規格や使用基準等が定められており，使用した添加物は原則としてすべて表示することが義務づけられている．食品添加物は，原則として食品衛生法第10条にもとづいて厚生労働大臣の指定を受けた添加物 (指定添加物) のみが使用できる．指定添加物以外で使用できるのは，既存添加物，天然香料，一般飲食物添加物のみとなる．2016年の時点で，指定添加物は454品目 (ソルビン酸，キシリトールなど)，既存添加物は365品目 (クチナシ色素，柿タンニンなど)，天然香料は約600品目 (バニラ香料，カニ香料など)，一般飲食物添加物は約100品目 (イチゴジュース，寒天など) ある．

　図 8.4 に，食品添加物として用いられるアスパルテーム，食用色素 4 号，

### 表 8.2　食品添加物の種類や目的および効果

| 種　類 | 目的および効果 | 食品添加物の例 |
|---|---|---|
| 甘味料 | 食品に甘味を与える | キシリトール　アスパルテーム |
| 着色料 | 食品を着色し、色調を調整する | クチナシ黄色素　食用黄色 4 号 |
| 保存料 | カビや細菌などの発育を抑制し、食品の保存性をよくし、食中毒を予防する | ソルビン酸　しらこたん白抽出物 |
| 増粘剤, 安定剤, ゲル化剤, 糊剤 | 食品になめらかな感じや粘り気を与え、分離を防止し、安定性を向上 | ペクチン　カルボキシメチルセルロースナトリウム |
| 酸化防止剤 | 油脂などの酸化を防ぎ保存性をよくする | エリソルビン酸ナトリウム　ミックスビタミン E |
| 発色剤 | ハム・ソーセージなどの色調・風味を改善する | 亜硝酸ナトリウム　硝酸ナトリウム |
| 漂白剤 | 食品を漂白し、白くきれいにする | 亜硫酸ナトリウム　次亜硫酸ナトリウム |
| 防かび剤 | 柑橘類などのカビの発生を防止する | オルトフェニルフェノール　ジフェニル |
| イーストフード | パンのイーストの発酵をよくする | リン酸三カルシウム　炭酸アンモニウム |
| ガムベース | チューインガムの基材に用いる | エステルガム　チクル |
| かんすい | 中華めんの食感, 風味を出す | 炭酸ナトリウム　ポリリン酸ナトリウム |
| 苦味料 | 食品に苦味をつける | カフェイン（抽出物）　ナリンジン |
| 酵素 | 食品の製造, 加工に使用する | β-アミラーゼ　プロテアーゼ |
| 光沢剤 | 食品の表面に光沢を与える | シェラック　ミツロウ |
| 香料 | 食品に香りをつけ, おいしさを増す | オレンジ香料　バニリン |
| 酸味料 | 食品に酸味を与える | クエン酸　乳酸 |
| 調味料 | 食品にうま味などを与え, 味を調える | L-グルタミン酸ナトリウム　5'-イノシン酸二ナトリウム |
| 乳化剤 | 水と油を均一に混ぜ合わせる | グリセリン脂肪酸エステル　植物レシチン |
| pH 調整剤 | 食品の pH を調節し, 品質をよくする | DL-リンゴ酸　乳酸ナトリウム |
| 膨脹剤 | ケーキなどをふっくらさせソフトにする | 炭酸水素ナトリウム　焼ミョウバン |
| 栄養強化剤 | 栄養素を強化する | ビタミン C　乳酸カルシウム |
| その他の食品添加物 | その他, 食品の製造や加工に役立つ | 水酸化ナトリウム　活性炭　プロテアーゼ |

一般社団法人日本食品添加物協会の許可を得て転載.

ソルビン酸, オルトフェニルフェノール, カフェイン, L-グルタミン酸ナトリウム, DL-リンゴ酸, ビタミン C の化学構造を示した.

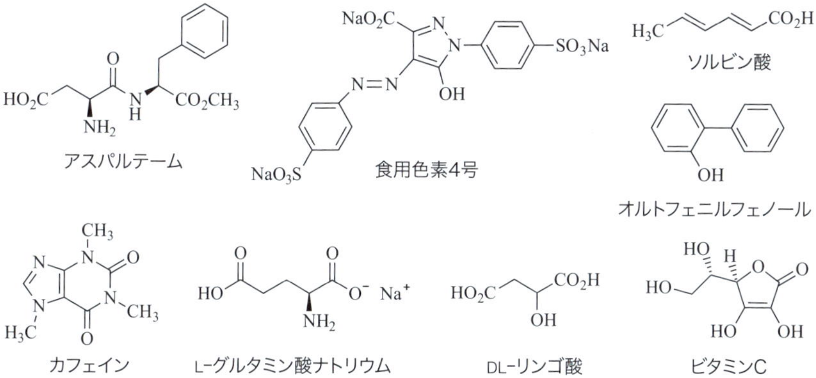

8.4 健康に対する食品のリスク評価

図 8.4 おもな食品添加物の化学構造

食品添加物の安全性の評価の概略は次のとおりである（図 8.5）。食品添加物の指定の要請があると，はじめに厚生労働省は食品健康影響評価を食品安全委員会に依頼する。リスク評価機関の食品安全委員会は，動物を用いた毒性試験結果などの科学的なデータにもとづき，健康への悪影響がないとされ

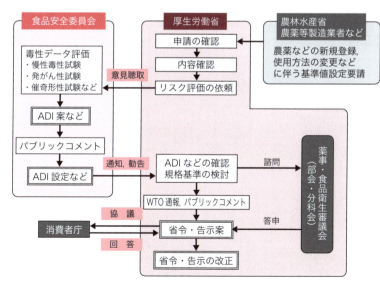

図 8.5 基準値設定までの概略図
厚生労働省ホームページより．

る一日摂取許容量（ADI）を設定する．この結果とそれに対するパブリックコメントを経て，薬事・食品衛生審議会において添加物としての必要性や有用性を審議・評価するとともに，食品健康影響評価の結果にもとづいて成分の規格や食品ごとの使用量，使用の基準などを設定したうえで厚生労働省が使用を認めている．

**化学物質の毒性試験は，大きく一般毒性試験，特殊毒性試験，その他の毒性試験**に分かれている．一般毒性試験には，急性毒性試験，亜急性毒性試験，慢性毒性試験がある．特殊毒性試験には，がん原（発がん）性試験，遺伝毒性試験，発生毒性試験，繁殖毒性試験，免疫毒性試験，刺激性試験などがある．その他の試験として，次世代試験，繁殖試験，生体内運命試験，生物学的試験，生体毒性試験などもおこなわれている．

食品添加物の規格や基準は，食品の安全性を確保しつつ国際間で整合性のある規制がおこなわれるよう取り組みがなされている．食品添加物の国際的な基準などは，国連食糧農業機関（FAO）/世界保健機関（WHO）の合同食品規格委員会（コーデックス委員会）食品添加物部会で検討されている．また，食品添加物の安全性について国際的に評価するため，FAO/WHO合同食品添加物専門家会議（JECFA）が設置されている．

日本での食品添加物の品質の規格や使用量の基準は，国際的な規格や基準にできるだけ沿うように定められているが，日本と諸外国では食生活や制度の違いなどにより添加物の定義，対象食品の範囲，使用可能な量などが異なっていることから，単純に比較することはできない．

厚生労働省では，使用が認められた食品添加物について実際にどの程度摂取しているか，スーパーなどで売られている食品を購入し，そのなかに含まれている食品添加物量を分析して測り，その結果に国民栄養調査にもとづく食品の喫食量を乗じて摂取量を求める方法（マーケットバスケット方式）で国民1人あたりの食品添加物の摂取量を調査するなど安全の確保に努めている．最近の調査結果では，実際の摂取量は健康への悪影響がないとされるADIを大きく下回っている．

また，国際的に安全性評価が確立して広く使用されている添加物に関しては，国際的な整合性を図る方向で日本の現行指定制度のあり方が見直されて

## 8.4 健康に対する食品のリスク評価

おり，(i) JECFA で一定の範囲内で安全性が確認されている，かつ (ii) アメリカおよび EU 諸国などで使用が広く認められている国際的に必要性が高いと考えられる添加物(国際汎用添加物)については，企業からの要請がなくとも指定に向け個別品目毎に安全性および必要性を検討していくとの方針が 2002 年開催の薬事・食品衛生審議会食品衛生分科会において了承されている．この方針にもとづき，厚生労働省において 45 品目の食品添加物および 54 品目の香料について関係資料の収集・分析や必要な追加試験の実施などをおこない，食品安全委員会の評価などを経て，2015 年 9 月の時点で，41 品目の食品添加物および 54 品目の香料が指定されている．

食品に残留する農薬，飼料添加物および動物用医薬品(以下，農薬など)に関しては，2006 年から一定量を超えて残留する食品の販売などを原則禁止する"**ポジティブリスト**（positive list；**PL**）**制度**"が施行され，管理されている．この制度では，食品の成分にかかわる規格や基準(残留基準)が定められているものについては，食品衛生法の規定により農薬取締法にもとづく基準，国際基準，欧米の基準などを踏まえ新たな基準を設定し，農薬取締法にもとづいた登録と同時に残留基準設定を促進し，残留基準を超えて農薬などが残留する食品の販売などが禁止されている．

一方，残留基準が定められていないものについては，厚生労働大臣が人の健康を損なう恐れのない量として一定濃度（0.01 ppm）を告示し，この濃度を超えて農薬などが残留する食品の販売等が禁止されている．また，ヒトの健康を損なう恐れのないことが明らかなものに対しては，厚生労働大臣が告示し，ポジティブリスト制度の対象外としている．国内に流通する食品については，自治体が自治体の監視指導計画において検査予定数を決めて市場等に流通している食品を収去するなどして検査している．

輸入食品については，検疫所へ届出された輸入食品のなかから輸入食品監視指導計画にもとづいてモニタリング検査をおこなっている．違反が確認された場合には検査の頻度を高め，違反の可能性の高い食品に対しては，輸入の都度検査をしている．また，違反が確認された場合には，その食品を廃棄させたり，原因究明や再発防止を指導したりするといった措置を講じている．

なお，添加物，農薬，動物用医薬品などさまざまな物質の評価結果および

遺伝子組換え食品と特定保健用食品の安全性に関しては，厚生労働省，食品安全委員会，食品安全総合情報システムや消費者庁のホームページなどを参照されたい．

食品に用いる器具および容器包装材料は，物質の毒性やその溶出による人体への影響を考慮して適切に製造・使用される必要があり，食品衛生法第18条にもとづき規格基準が定められている．

さらに，日本での食品に用いる器具および容器包装材料の安全管理には，安全性に懸念があると判明した物質などについて評価を実施して規格基準を設定するネガティブリスト方式が取られていた．一方，アメリカや欧州，中国などでは，食品接触用途の合成樹脂には安全性を評価したうえで許可されたモノマーや添加剤しか使用できないポジティブリスト方式を採用しており，発展途上国でも導入されはじめるなど PL 制度は世界的なスタンダードになりつつある．

日本の業界団体はすでに自主基準として PL を作成し，管理しているため容器包装材料に起因する衛生上の大きな問題はこれまで生じていないが，食品のグローバル化が進むなか，法的拘束力をもつ制度の導入により諸外国との国際的な整合性を図るとともに，これまで規制されていなかった輸入品を含めた包装材料の安全管理の強化が求められている．このような状況を踏まえ，厚生労働省では，2012 年から日本での食品包装材料の安全管理における PL 方式の導入について検討を重ね，2020 年 6 月 1 日から施行された食品衛生法等の一部を改正する法律により，食品用器具および容器包装について，安全性を評価した物質のみを使用可能とする PL 制度を導入した．

## 8.5 健康に対する発がん性のリスク評価

正常な細胞をがんに変化させる性質をもつ発がん物質は，食品中に多く含まれている．たとえば，アルコール (IARC グループ 1) は食道がんや肝臓がんの原因となると考えられている．アルコールが代謝した物質アセトアルデヒドにも発がん性がある（IARC グループ 2B）．魚や肉の焼け焦げに含まれるベンゾピレン (IARC グループ 1) やヘテロサイクリックアミン類 (IARC グループ 2A または 2B)，デンプンの多い食品（ホテトチップス，フライドポ

## 8.5 健康に対する発がん性のリスク評価

テトなど）を高温で加熱した場合に生成するアクリルアミド（IARC グループ 1）にも発がん性が認められている．コーヒーやリンゴ，セロリなどに含まれ，香り成分でポリフェノールの一種カフェ酸（IARC グループ 2B）は発がん性とともにがん抑制効果もある．

食品中汚染物質としてのカドミウム（IARC グループ 1）などは，吸入暴露の場合には発がん性があると考えられ，経口摂取では，発がん性を考慮しない，いき値がある毒物として評価されている．さらに，2011 年 3 月に発生した東京電力福島第一原子力発電所事故を受けて，食品中の放射性物質に対する安全性も問題となっている．実質的には食品の摂取量に応じて耐容摂取量以下になるように，それぞれの食品中の最大許容濃度を定めて管理している．

発がん物質は，いき値のある発がん物質といき値のない発がん物質に対して異なる評価方法を用いている．いき値のある発がん物質に対しては，いき値から実際の摂取量を配慮した暴露マージン（margin of exposure；MOE）を考慮し，さらに発がん物質として 1～10 の不確実性やがんの細胞腫・部位・発現時期などの重篤性に対応した 1～10 の不確実性で割り算し，耐容摂取量を求める．暴露の余裕度 MOE は不確実性係数を含まない指標なので，不確実性係数積 UFs が MOE より大きい場合にリスクありと判断される．

$$暴露マージン = \frac{無毒性量（NOAEL）}{暴露量}$$

いき値のない発がん物質に対しては，アメリカ環境保護庁（Environmental Protection Agency；EPA）の作成した**ベンチマークドーズ法**という数理モデルや世界保健機構（WHO）による定量的評価が使用されている（図 8.6）．また，発がん性の確率を表すユニットリスクも参考のために記載されている．ベンチマークドーズ法では，動物実験で 10％ の動物にがんを起こした暴露量（**ベンチマークドーズ**，benchmark dose；BMD）を求め，その 95％ 信頼区間の下限値を BMDL（benchmark dose lower confidence）とする．そこから原点に向かって外挿する直線を引く．日本の大気環境審議会では生涯危険率として $10^{-5}$ の頻度すなわち 100,000 匹に 1 匹がんになる頻度でがんを

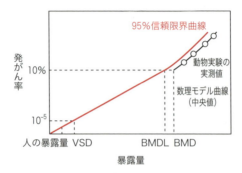

**図 8.6** ベンチマークドーズ法による実質安全量の設定概念

起こす暴露量を**実質安全量**（virtually safety dose；**VSD**）と定める．実質安全量とする頻度はそれぞれのリスク管理機関で異なり，アメリカ環境保護庁では $10^{-6}$，アメリカ労働衛生庁では $10^{-3}$ をおよその目安としている．

　日本では，微生物を殺すために水道法施行規則により水道水に塩素が 1 L あたり 0.1 mg 含まれている．塩素殺菌によって経口伝染病が大幅に減少したことは統計的にも明らかであり，安価におこなうことができる．しかしながら，塩素と有機物との反応により発がん性があるとして知られているトリハロメタンが生成される場合がある．2004 年に WHO は生涯に渡る発がんリスクの増加分を $10^{-5}$（体重 60 kg の人が 1 日 2 L を一生飲み続けたときに 10 万人に 1 人の確率で発がん）として，クロロホルムの規制値を 0.2 mg/L とした．2013 年 3 月における水質基準に関する厚生労働省令により日本のトリハロメタンの水質基準は 0.1 mg/L 以下，クロロホルムは 0.06 mg/L 以下と規制されており，WHO の基準よりも厳しくなっている．トリハロメタ

◆ **コラム** ◆

### ユニットリスク

　ユニットリスクとは大気または飲料水中の化学物質の濃度が $1\text{ mg/m}^3$，1 mg/L のときの生涯発がん危険率(確率)を表す．当該物質を毎日 1 mg/kg 体重，一生 70 年間摂り続けた場合の発がんリスクの上限値を示している．ユニットリスクが $2 \times 10^{-6}$ μg/L の化学物質 X の濃度が 1 μg/L の水を一生飲み続けた場合，化学物質 X による過剰ながんの発生は 1,000,000 人に 2 人である．

サッカリン

ンの除去や他の方法による殺菌をおこなうと、水道水は現在の価格では供給できなくなる.

一方、2014年の日本における悪性新生物による死亡率は、人口10万人あたり293人である. 伝染病予防における塩素殺菌の有効性や価格に対しての リスク/ベネフィット評価などの結果、塩素殺菌は現在の日本社会に受け入れられている.

当時のアメリカにおいて、サッカリンの発がん性のほうが砂糖による肥満に比べて平均余命の減少が小さいことがわかり、使用が許可された. その後、発がん性との因果関係はないとの報告により、日本でもさまざまな食品に添加されている.

## 8.6 健康に対する放射線のリスク評価

放射線は、高い運動エネルギー運動をもつイオン、電子、中性子、陽子などの物質粒子とX線(波長が1 pmから10 nm)の高エネルギーの電磁波の総称である. **放射線による人体への影響は、放射線のエネルギーによって、細胞内の遺伝子（DNA）が損傷を受けることで起こる**. しかし、生物はDNAの損傷を修復する仕組みや異常な細胞を取り除く仕組みをもっているため、ある程度までの損傷は修復できる. 一方、一度に大量の放射線を受けると、細胞死が多くなり、細胞分裂が盛んな組織である造血器官、生殖腺、腸管、皮膚などの組織に急性の傷害が起こるといった健康影響が生じる. 細胞死がある量に達するまでは残っている細胞が臓器や組織の機能を補うために症状は現れないが、その量を超えると一定の症状が出てくる. これを**"確定的影響"**という.

確定的影響には、それ以上放射線を受けると影響が生じる、それ以下では影響が生じないという線量、すなわち"いき値"がある. 急性の傷害などが起こらない量の放射線を受けた場合でも、まれに細胞のなかの損傷を受けた

## 第8章 化学物質の生体への影響

遺伝子の修復ができないことがあり，修復が不完全な細胞が増殖すると，がんなどの健康影響を生じることがある．理論的には，たとえ一つの細胞に変異が起きただけでも，将来がんなどの健康影響が現れる確率が増加することから **"確率的影響"** という．

国際的な合意にもとづく科学的知見によれば，放射線による発がんリスクの増加は，100 mSv 未満の低線量被曝では，ストレスやタバコなどのほかの要因による発がんの影響で隠れてしまうほど小さく，放射線による発がんのリスクの明らかな増加を証明することは難しいとされている．

**放射線の強さや放射線の影響を表す単位として，「ベクレル(Bq)」，「グレイ(Gy)」や「シーベルト(Sv)」が用いられている**(表 8.3)．ベクレルは放射線をだす側の単位で，グレイやシーベルトは放射線を受ける側の単位である．ベクレルとグレイで表されるものは物理的な量なので測定可能だが，シーベルトで表されるものは標準的な人に対してモデル計算で求められ，直接測定できないため不確かさはあるが，被曝の影響の大きさを把握する目的として有用である．

放射線荷重係数はアルファ線が 20，ベータ線・ガンマ線が 1 であり，アルファ線のほうがベータ線やガンマ線よりも人の健康への影響が大きい．すなわち，ベータ線およびガンマ線(放射性ヨウ素，セシウムなど)の場合は，吸収線量(mGy) ＝ 等価線量(mSv)となる．

**表 8.3** 放射線の強さや放射線の影響を表す単位

| | |
|---|---|
| ベクレル (Bq) | 物質中の放射性物質がもつ放射能の強さを表す単位で，土壌や食品，水道水などに含まれている放射性物質の量(放射能の強さ)を表すときに使われる．1 秒間に一つの原子核が崩壊して放射線を放つ放射能を 1 ベクレルとする |
| グレイ (Gy) | 物体や人体の組織が受けた放射線の強さを表す単位(吸収線量)で，吸収されたエネルギー量を表す．1 kg の物質に 1 ジュールのエネルギーが吸収された場合の吸収線量が 1 グレイである |
| シーベルト (Sv) | 人が受けた放射線の健康への影響を表す単位で，体の組織・臓器ごとの影響を表す「等価線量」と全身の影響を表す「実効線量」などが使われている．等価線量(Sv)は，放射線の種類(アルファ線・ベータ線など)によって人体への影響の大きさが異なるため，「グレイ (Gy)」に放射線の種類の違いによる影響度の係数(放射線荷重係数)をかけて補正した値である |

## 8.6 健康に対する放射線のリスク評価

表 8.4 放射線による被曝と生活習慣によってがんになるリスク

| 全部位に対するがんの相対リスク[1] | | 特定部位に対するがんの相対リスク[1] | |
|---|---|---|---|
| 1000～2000 mSv の被曝 | 1.8 | C 型肝炎感染者(肝臓) | 36 |
| 喫煙者 | 1.6 | ピロリ菌感染既往者(胃) | 10 |
| 大量飲酒(毎日3合以上) | 1.6 | 大量飲酒(毎日3合以上)(食道) | 4.6 |
| 500～1,000 mSv の被曝 | 1.4 | 喫煙者(肺) | 4.2～4.5 |
| 大量飲酒(毎日2合以上) | 1.4 | 650～1240 mSv の被曝(甲状腺) | 4.0 |
| やせ過ぎ(BMI＜19) | 1.29 | 高塩分食品を毎日摂取(胃) | 2.5～3.5 |
| 肥満(BMI≧30) | 1.22 | 150～290 mSv の被曝(甲状腺) | 2.1 |
| 200～500 mSv の被曝 | 1.19 | 運動不足〈男性〉(結腸) | 1.7 |
| 運動不足 | 1.15～1.19 | 肥満(BMI＞30)(大腸) | 1.5 |
| 塩分の取り過ぎ | 1.11～1.15 | (閉経後乳がん) | 2.3 |
| 100～200 mSv の被曝 | 1.08 | 50～140 mSv の被曝(甲状腺) | 1.4 |
| 野菜不足 | 1.06 | 受動喫煙〈非喫煙女性〉(肺) | 1.3 |
| 受動喫煙〈非喫煙女性〉 | 1.02～1.03 | | |
| 100 mSv 以下の被曝 | 検出不可能 | | |

1) 放射線の発がんリスクは広島・長崎の原爆による瞬間的な被曝を分析したデータ(固形がんのみ)であり,長期に渡る被曝の影響を観察したものではない.また,生活習慣による発がんリスクは 40～69 歳の日本人を対象とした調査による.出典:国立研究開発法人国立がん研究センター,「わかりやすい放射線とがんのリスク」を参考.

**実効線量**(Sv)は,放射線を受ける組織や臓器によって人体への影響の大きさが異なるため,組織および臓器ごとの「等価線量」に,組織および臓器の違いによる影響度の係数(組織荷重係数)をかけて,それらをすべて足し合わせた値である.

人体が放射線を浴びることを**被曝**といい,体の外にある放射線物質から放出された放射線を受ける**外部被曝**と放射性物質を含む空気,水,食物などを摂取して体内に取り込んだ放射性物質から放射線を受ける**内部被曝**とに分けられる(表 8.4).2011 年 3 月に発生した東京電力福島第一原子力発電所の事故を受けて,食品の安全性を確保する観点から,食品中の放射性物質に関するリスク評価,食品中の放射性物質の基準値の設定,地方自治体におけるモニタリング検査が実施されている.消費者庁は,基準値を超過した食品については,回収・廃棄するほか,基準値の超過に地域的な広がりが認められる場合には,出荷を制限し,基準値を超過する食品が市場に流通しないよう

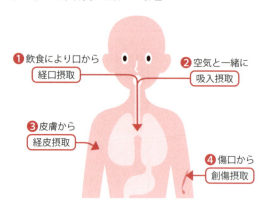

に取り組んでいる．

　土壌には，もともとウラン238，トリウム232やカリウム40などの天然の放射性物質が存在しており，これらの天然の放射性物質は，これまでも食品中や水に含まれている．カリウム40をはじめとした食品中の天然の放射性物質を摂取することによる内部被曝量は，平均して年間0.41 mSv程度となる．これに，空気中のラドンによる内部被曝や宇宙・大地からの外部被曝を合わせると，自然放射線からの被曝量は年間1.5 mSv程度となる．

　体内に取り込まれるおもな経路としては，① 飲食により口から（経口摂取），② 空気と一緒に（吸入摂取），③ 皮膚から（経皮吸収），④ 傷口から（創傷侵入）の4通りがあり，取り込んだ放射性物質が体外に排出されるまで被曝が続く（表8.5）．食品中の放射性物質からの1年間の内部被曝量（放射性物質が体内に残っているあいだに人が受ける内部被曝の総線量）は，次の式より求められる（表8.6）．

表8.5　経口摂取の場合の成人の実効線量係数

| 核　種 | 実効線量係数(mSv/Bq) |
|---|---|
| ヨウ素131 | $1.6 \times 10^{-5}$ |
| セシウム134 | $1.9 \times 10^{-5}$ |
| セシウム137 | $1.3 \times 10^{-5}$ |

出典：原子力安全委員会，『環境放射線モニタリング指針』(2008年3月)．

## 8.6 健康に対する放射線のリスク評価

表 8.6　食品中の放射性物質に関する指標値

| | 日　本 | | コーデックス | | EU | | アメリカ | |
|---|---|---|---|---|---|---|---|---|
| 放射性セシウム | 飲料水<br>牛乳<br>乳児用食品<br>一般食品 | 10<br>50<br>50<br>100 | <br><br>乳児用食品<br>一般食品 | <br><br>1000<br>1000 | 飲料水<br>乳製品<br>乳児用食品<br>一般食品 | 1000<br>1000<br>400<br>1250 | すべての食品 | 1200 |
| 追加線量の上限設定値 | 1.0 mSv | | 1.0 mSv | | 1.0 mSv | | 5.0 mSv | |
| 放射性物質を含む食品の割合の仮定値 | 50% | | 10% | | 10% | | 30% | |

表中の放射性セシウム濃度の単位：Bq/kg.
出典：消費者庁,『食品と放射能 Q&A』, 平成 28 年 3 月 15 日（第 10 版）.

内部被曝の量(mSv/年) ＝ 食品中の放射線物質の濃度(Bq/kg) ×
　　　　　　　　　　　年間摂食量(kg/ 年) × 実効線量係数(mSv/Bq)

　ここで，実効線量係数は，放射性物質の種類（核種）や摂取経路，年齢区分（成人・幼児・乳児）ごとに，放射性物質の半減期や体内での動き，放出する放射線量の強さや量などから決められている．

　食品安全委員会では，現在の科学的知見にもとづいた食品健康影響評価の結果として，放射線による健康影響の可能性が見いだされるのは，自然放射線（日本では 2.1 mSv/年）や医療被曝などの通常の一般生活において受ける放射線量を除いた分の生涯における追加の累積の実効線量が，おおよそ 100 mSv 以上と判断している．さらに，100 mSv 未満の健康影響については，放射線以外のさまざまな要因の影響と明確に区分できない可能性があるため，健康影響について言及することは困難だと結論づけている．

　これを踏まえ，食品から追加的に受ける放射線の総量が年間 1 mSv を超えないようにとの考えのもと，基準値が設定された．年間 1 mSv という値は，食品の国際的な規格・基準を定めているコーデックス委員会が国際放射線防護委員会（ICRP）の勧告を踏まえ，これ以上放射性防護対策を講じても有意な線量の低減は達成できないとして定めている値と同じである．表 8.6 に食品中の放射性物質に関する指標値を示す．

　小児の期間については，成人よりも感受性の高い可能性が指摘されている

第 8 章　化学物質の生体への影響

ため，1歳未満の乳児が食べることを目的に販売される乳児用食品と子供の摂取量が多い牛乳の2区分については，流通品のほとんどが国産だという実態からも，すべてが基準値上限の放射性物質を含んでいるとしても影響がでないように配慮して一般食品の基準値の2分の1（2倍厳しい）50 Bq/kgを基準値とした．ただし，基準値は食品の摂取量や放射性物質を含む食品の割合の仮定値などの影響を考慮しているので，数値だけを比べることはできない．日本は放射性物質を含む食品の割合の仮定値を高く設定していること，年齢・性別毎の食品摂取量を考慮していること，放射性セシウム以外の核種の影響も考慮して放射性セシウムを代表として基準値を設定していることから，基準値の数値が小さくなっている．

　甲状腺で合成される甲状腺ホルモンは，生殖，成長，発達などの生理的なプロセスを制御しており，ほとんどの組織においてエネルギー代謝を亢進させる重要な役割を担っている．日本人は，食事における海藻類などの摂取により，欧米人などと比べて日常的にヨウ素を体内に取り入れている．摂取したヨウ素は，その化学形態とは関係なく，消化管からほぼ完全に吸収される．ヨウ素の多くは血漿中でヨウ化物イオンとして存在し，能動的に甲状腺に取り込まれる．その後，甲状腺ホルモンの前駆体モノヨードチロシンおよびジヨードチロシンとなり，最終的に甲状腺ホルモンとなる．吸収されたヨウ素の70～80％が甲状腺に存在して甲状腺ホルモンを構成している．

　慢性的にヨウ素が欠乏した場合には，甲状腺刺激ホルモン（thyroid stimulating hormone；TSH）の分泌が亢進し，甲状腺が異常肥大または過形成を起こして（いわゆる甲状腺腫），甲状腺機能は低下し，甲状腺機能低下症となる．一方，甲状腺を異常に刺激する物質（TSHレセプター抗体）による甲状腺への刺激により体内で甲状腺ホルモンが多量に合成された場合，バセドウ病を発症する．バセドウ病は，女性と男性の割合が約4：1と女性に多く見られる病気で，薬や外科的手術，"放射性ヨウ素"を使用したアイソトープ治療がおこなわれている．

　チェルノブイリ原発事故の事故から4～5年後に明らかになった健康被害として，放射性ヨウ素の内部被曝による小児の甲状腺がんが知られている．2011年3月に起こった東日本大震災後の東京電力福島第一原発事故を踏ま

## 8.6 健康に対する放射線のリスク評価

え，福島県では子どもたちの健康を長期に見守るために甲状腺検査を実施している．

小児甲状腺がんの潜伏期は最短でも4〜5年といわれていることや，内部被曝のデータが決定的に不足しているとの報道を受け，2014年に環境省総合環境政策局環境保健部は，世界保健機関（WHO）や国連科学委員会（UNSCEAR）などの国際機関や，2014年に環境省等が開催した「放射線と甲状腺がんに関する国際ワークショップ」に参加した国内外の専門家からの国際的な見解と同様に，現在までに甲状腺検査をきっかけに診断された甲状腺がんについては，次の知見を理由として，原発事故由来のものとは考えにくいという見解をだしている．

(1) これまでにおこなった調査によると，原発周辺地域の子どもたちの甲状腺被曝線量は総じて少ない．
(2) がんが見つかった人の事故時の年齢は，放射線に対する感受性が高いとされる幼児期でなく，既知の知見と同様，10歳代に多く見られた．
(3) 甲状腺がんの頻度については，かぎられた数ではあるが，無症状の子どもに甲状腺検査を実施した過去の例でも同じような頻度で見つかっている．
(4) 2011年3月下旬に甲状腺等価線量が高くなる可能性があると評価された飯舘村などにおいて，1080人の小児を対象とした甲状腺線量が測定され，その結果はスクリーニングレベルの0.2 μSv/hを超えた人がおらず，低い線量にとどまるものであった．
(5) 環境省が2012年度に実施した事故初期の甲状腺被曝線量の推計に関する事業での評価では，甲状腺等価線量が50 mSvを超えるものは，ほぼいなかった．

2016年に環境省環境保健部により出された『福島県民健康調査「甲状腺検査」の現状について』によると，福島県による先行検査の結果を報告しており，この結果について専門家は，調査対象者の年齢構成や超音波検査の特性を考慮すれば，福島県と3県による甲状腺検査はほぼ同様の結果だと評価している（表8.7）．

## 第 8 章 化学物質の生体への影響

**表 8.7** 福島県および福島県外 3 県における甲状腺所見率調査結果

|  | 福島県 | 青森, 山梨, 長崎県 |  |
|---|---|---|---|
| 調査対象者数 | 300,476 人 | 4365 人 | |
| 年齢層 | 0〜18 歳 | 3〜18 歳 | |
| A1 判定 | 154,607 人 (51.5%) | 1853 人 (42.5%) | 「結節」や「のう胞」を認めなかったもの |
| A2 判定 | 143,575 人 (47.8%) | 2468 人 (56.5%) | 5.0 mm 以下の「結節」や 20.0 mm 以下の「のう胞」を認めたもの[1] |
| B 判定 | 2293 人 (0.8%) | 44 人 (1.0%) | 5.1 mm 以上の「結節」や 20.1 mm 以上の「のう胞」を認めたもの |
| C 判定 | 1 人 (0.0%) | 0 人 (0.0%) | 甲状腺の状態などから判断して，ただちに二次検査を要するもの |
| がん確定 | 101 人 | 1 人 | |

1) 通常の診療では病的なものとは捉えず，正常範囲内での変化とみなされる．
カッコ内は調査対象者数に占める各判定者数の割合．

今後も継続した調査研究が望まれることはいうまでもないが，環境省としては福島県「県民健康管理調査」を積極的に支援し，これからも被曝線量の評価や再構築をおこなっていく予定だとしている．

### 章末問題

1. 体重 50 kg の A さんが，残留基準値（0.01 ppm）の 5 倍の量の農薬メタミドホスを含む事故米を 1 日あたり 185 g 摂取していたが，大丈夫といえるのはなぜかを説明せよ．ただし，メタミドホスに対する無毒性量 NOAEL は 0.06 mg/kg/日だとする．

2. ある化学物質 X のリスク評価をおこない，暴露マージン（MOE）とハザード比（HQ）が次の値を示した．この結果のうち，詳細な評価をおこなう必要があると考えられるのはどの場合かを選べ．
   ① MOE 値が 90 で HQ 値が 2 を示した場合
   ② MOE 値が 500 で HQ 値が 0.4 を示した場合
   ③ MOE 値が 1200 で HQ 値が 0.08 を示した場合

3. ある生物の化学物質 X に対する濃縮係数が $10^4$ だとする．物質 A の濃度

が 0.05 g/m³ の水中でその生物が生息しているとき，その物質 A の体内濃度 [g/kg] はいくつになると予測できるか．ただし，生体媒体（水）の密度を 1,000 kg/m³ と仮定する．

4. $^{137}$Cs と $^{134}$Cs に関する次の設問に答えよ．ただし，$^{137}$Cs と $^{134}$Cs の実効線量係数（mSv/Bq）には，成人の経口摂取の値 $1.3 \times 10^{-5}$ と $1.9 \times 10^{-5}$ をそれぞれ用いよ．
   (1) 放射能で等量の $^{137}$Cs（半減期 30 年）と $^{134}$Cs（半減期 2 年）がある．15 年後の $^{137}$Cs と $^{134}$Cs の放射能比として最も近い値は次のうちどれか．
   ① 64：1　② 91：1　③ 128：1　④ 181：1　⑤ 256：1
   (2) 成人が 1 kg あたり 200 Bq の $^{137}$Cs と 100 Bq の $^{134}$Cs が含まれていた食品を 1 kg 摂取した場合に，人体への影響の大きさは何 mSv になるか求めよ．

5. 放射線の確定的影響に関する次の記述のうち，正しいものをすべて選べ．
   ① 線量が増加すると重篤度が増加する
   ② 遺伝性影響は確定的影響である
   ③ 甲状腺機能低下症は確定的影響ではない
   ④ 吸収線量が 10 mGy でも影響が発生する
   ⑤ 被曝線量をしきい線量以下にすることで発生を防止できる

# 第 9 章 実験系の廃棄物

　化学実験をおこなうと必ず廃棄物が発生する．実験系の廃棄物は，従来大学などでは学内で処理されることが多かった．ところが，最近では外部に処理を委託することも多くなってきている．実験系の廃棄物は，それ自体危険であったり，有害であったりするため，注意深く取り扱う必要がある．さらに，複数の実験の廃液を混合することがあるため，非常に危険な場合がある．本章では，安全な貯留や委託処理のために，その分類と危険性などについて解説する．

## 9.1　大学における廃棄物処理の変遷

　従来，大学の実験室から発生した実験系の廃棄物は，原点処理の原則にもとづき，学内に設置された有機廃液焼却炉や無機廃液処理施設などで処理され，廃棄物が学外にもち出されることは少なかった．

　しかし，焼却炉から発生するダイオキシンが大きな社会問題となり，ダイオキシン対策特別措置法が施行され，焼却炉に対する規制が厳しくなった．また，排出される無機廃液が多様化してきたことなどによって，有機および無機廃液の処理施設を更新せず廃液処理を外部に委託する大学が増えてきた．そのため有害もしくは危険な実験系廃棄物がそのまま学外に出て行くことになるので，危険な物質は適切に処理し，安全に分類し，収集運搬中に漏洩など起こさないよう，委託業者と廃液の分類，収集などについて綿密に打ち合わせたうえで契約することが重要となる．

　たとえば，ラベルが剥がれて内容物がわからない試薬があった場合，この

試薬を処理するには，その処理方法を決めるため内容物を分析する必要がある．したがって，不明試薬の処分費用は高額になる．では，内容物がわからない廃液があった場合，どうだろう？　無機廃液なのか？　有機廃液なのか？　水銀は入っているのか？　シアン化物イオンは？　重金属は？　など調べることはさらに多岐にわたるため，処理するには高額の費用が発生する．

さらに，分類と異なる物質が含まれていた場合には，どのようなことが起こるだろうか？　たとえば，重金属廃液にシアン化物イオンが混入していた場合を考えてみよう．重金属はフェライト化処理したのち，処理後の水は放流されるが，シアン化物イオンは処理されずに放流されることになり，排水基準を超過することになる．最悪の場合は，シアンが混入した廃液と酸性の重金属廃液が混合され，シアン化水素が発生し，作業員が吸引して死に至ることも予測される．廃試薬の内容物はラベルによって確認できるが，廃棄物の内容がわかるのは排出者だけである．廃液を外部委託する場合には，内容物の開示と分類の厳守が最重要事項といえよう．

また，学外に実験系廃棄物が移動することになるため，トラック移送中に廃液が漏洩することのないよう，容器にも注意を払う必要がある．

事業者は，廃棄物の運搬・処理を委託する場合には，その業者の選定に対しても責任を負う．委託した廃棄物が不法投棄された場合には，責任は排出者にまでさかのぼることになるので，処理方法，実績の調査，施設の見学などをおこなってよく検討し，コストのみで決めることのないようにしたい．

## 9.2　産業廃棄物の分類

**化学実験において発生する廃棄物は，産業廃棄物に該当し，廃棄物の処理および清掃に関する法律（以下，廃棄物処理法と略）によって，適切に処理すること，および再生利用により減量に努めることが排出事業者の責務として定められている．**化学実験で発生する産業廃棄物は，おもに表 9.1 の分類に該当する．産業廃棄物のうち特別管理産業廃棄物については，「爆発性，毒性，感染性その他の人の健康又は生活環境に係る被害を生じる恐れがある性状を有する廃棄物」として規定され，より厳しい規制がおこなわれている．

たとえば，すでに 1.6 節で述べたように危険物第 4 類で引火点が 70℃未

## 9.3 研究室から発生する廃棄物　　179

表 9.1　産業廃棄物の分類（化学実験に関連するもののみ抜粋）

| 産業廃棄物 | 廃　油 | |
| --- | --- | --- |
| | 廃　酸 | |
| | 廃アルカリ | |
| | 汚　泥 | |
| 特別管理産業廃棄物 | 引火性廃油〔引火点 70℃未満の廃油（揮発油類, 灯油類, 軽油類）〕 | |
| | 腐食性廃酸〔pH 2.0 以下のもの（著しい腐食性をもつもの）〕 | |
| | 腐食性廃アルカリ〔pH 12.5 以上のもの（著しい腐食性をもつもの）〕 | |
| | 特定有害産業廃棄物 | 汚　泥[1] |
| | | 廃　酸[1] |
| | | 廃アルカリ[1] |
| | | 廃　油[2] |

1) 有害物質の判定基準（表 9.2）に適合しないもの.
2) 廃溶剤にかぎる：トリクロロエチレン, テトラクロロエチレン, ジクロロメタン, 四塩化炭素, 1,2-ジクロロエタン, 1,1-ジクロロエチレン, シス-1,2-ジクロロエチレン, 1,1,1-トリクロロエタン, 1,1,2-トリクロロエタン, 1,3-ジクロロプロペン, ベンゼン, 1,4-ジオキサン（廃棄物処理法施行令で定める施設において生じたものにかぎる）.

満に相当するものは, 特殊引火物, 第 1 石油類, 第 2 石油類, アルコール類などである. これらの溶剤類を廃棄する場合には, 特別管理産業廃棄物に該当することになる. 大学の研究室で使用する有機溶剤類はほとんど引火点が 70℃未満のため, 特別管理産業廃棄物の引火性廃油に該当する.

　事業者が産業廃棄物の処理を許可業者に委託する場合には, **産業廃棄物管理票（マニフェスト）**が必要になる. マニフェスト制度は, 産業廃棄物の委託処理における排出者責任の明確化と, 不法投棄の未然防止を目的に実施されている. 処理を委託する場合には, 必要事項を記載したマニフェストを交付し, 産業廃棄物と一緒に流通させ, 廃棄物が適正に処理されていることを把握する必要がある. 法律では, 委託契約書とマニフェストについては 5 年間保存する義務がある.

## 9.3　研究室から発生する廃棄物

　大学の研究室から発生する廃棄物は, 液体廃棄物（有機廃液, 無機廃液）, 固体廃棄物, 気体廃棄物に分類される. 順を追って解説する. なお, 本書では生物系廃棄物, 感染性・医療系廃棄物などは扱わない.

# 第9章 実験系の廃棄物

表9.2 有害物質の判定基準

| 有害物質 | 燃え殻, 汚泥, 鉱さい, ばいじん(溶出試験) mg/L 以下 | 廃酸・廃アルカリ (含有試験) mg/L 以下 |
|---|---|---|
| アルキル水銀化合物 | 検出されないこと | 検出されないこと |
| 水銀またはその化合物 | 0.005 (Hg として) | 0.05 (Hg として) |
| カドミウムまたはその化合物 | 0.09 (Cd として) | 0.3 (Cd として) |
| 鉛またはその化合物 | 0.3 (Pb として) | 1 (Pb として) |
| 有機リン化合物[1] | 1 | 1 |
| 六価クロム化合物 | 1.5 (Cr として) | 5 (Cr として) |
| ヒ素またはその化合物 | 0.3 (As として) | 1 (As として) |
| シアン化合物 | 1 (CN として) | 1 (CN として) |
| ポリ塩化ビフェニル | 0.003 | 0.03 |
| トリクロロエチレン | 0.1 | 1 |
| テトラクロロエチレン | 0.1 | 1 |
| ジクロロメタン | 0.2 | 2 |
| 四塩化炭素 | 0.02 | 0.2 |
| 1,2-ジクロロエタン | 0.04 | 0.4 |
| 1,1-ジクロロエチレン | 1 | 10 |
| シス-1,2-ジクロロエチレン | 0.4 | 4 |
| 1,1,1-トリクロロエタン | 3 | 30 |
| 1,1,2-トリクロロエタン | 0.06 | 0.6 |
| 1,3-ジクロロプロペン | 0.02 | 0.2 |
| チウラム(テトラメチルチウラムジスルフィド) | 0.06 | 0.6 |
| シマジン〔2-クロロ-4,6-ビス(エチルアミノ)-1,3,5-トリアジン〕 | 0.03 | 0.3 |
| チオベンカルブ(S-4-クロロベンジル-N,N-ジエチルチオカルバマート) | 0.2 | 2 |
| ベンゼン | 0.1 | 1 |
| セレンまたはその化合物 | 0.3 (Se として) | 1 (Se として) |
| 1,4-ジオキサン | 0.5 | 5 |
| ダイオキシン類 | 3 ng-TEQ/g 以下[2] | 100 pg-TEQ/L 以下[2] |

1) 有機リン化合物：パラチオン，メチルパラチオン，メチルジメトンおよびEPNにかぎる．
2) TEQ：毒性等量．ダイオキシン類化合物の実測濃度を，毒性の最も強い異性体である2,3,7,8-四塩化ジベンゾパラジオキシンの毒性濃度に換算し，その総和で表した数値．

## 9.3.1 液体廃棄物

**液体廃棄物**は，一般に**有機廃液**および**無機廃液**に分類される．液体廃棄物では，下記の注意事項を守る必要がある．安全な運搬と適切な処理のためには，上述したように，正確な分別と内容物の開示が必要となる．

【注意事項】
(1) 固形物はろ過し，取り除く．
(2) 著しい悪臭を発する物質を混入させない．
(3) 著しく毒性の高い物質を混入させない．
(4) 発火性，反応性の物質を混入させない．
(5) 混合危険に注意を払う．

実験室内に置く廃液容器は，リスクを減らすためにも容量を小さくすることが好ましい．また，万が一の漏洩に備えバットなどのなかに置くのがよい（写真 9.1）．漏洩に備え，吸収剤を常備しておく（写真 9.2）．

廃液処理を外部委託する場合には，必ず内容物を開示する．また，廃液は，適正に分類されなかった場合には，処理に携わる作業員が危険にさらされることになり，適正に処理されなかった物質が環境中に排出されることにもなりかねない．正しく分類して受け渡す．

- 廃液に移動した化学物質が，PRTR 対象物質（自治体によっては，条例により対象物質が拡張されていたり，報告義務取扱量が少なく設定されていたりする自治体もあるので，注意を要する）で事業所として報告の義務

**写真 9.1** 廃液タンクの保管例

**写真 9.2** 吸収剤

## 第9章 実験系の廃棄物

が生じる物質の場合には，廃液への移動量を帳簿等に記入しておく（所属機関によっては，集計方法が異なるので，注意する）．

- 廃液は危険物だという認識をもち，分別貯留を徹底し，混触危険に注意（内容物を記録）を払う．
- 廃液は危険物なので，貯留場所は日光が当たらず，温度が高くならない場所に保管する．
- 廃液はすぐに分類し，内容物がわからない廃液をつくらない．
- 廃液の受け渡し時には，必ず容器から漏れのないことを確認する．

### ● 有機廃液

有機廃液は，おもに極性，非極性，含ハロゲン，特殊引火物，含水などに分類される．それぞれの分類に該当する溶媒と推奨する容器を表9.3に示した．

### 【注意事項】

(1) 容器一杯に廃液を入れた場合，夏場などは廃液の膨張によって容器が破裂する恐れがあるため，9割以上は入れない．

表9.3 有機廃液の分類

| 区 分 | 例：化合物 | 容 器[1] |
|---|---|---|
| 極性廃液 | メタノール，エタノール，アセトン，テトラヒドロフラン，2-プロパノールなど | 1斗缶もしくは10Lポリ容器 |
| 非極性廃液 | ベンゼン，トルエン，ヘキサン，酢酸エチル，キシレンなど | 1斗缶もしくは10Lポリ容器 |
| 含ハロゲン廃液 | ジクロロメタン，クロロホルム，四塩化炭素など | 1斗缶もしくはポリ容器（20Lポリ容器も可） |
| 特殊引火物廃液 | ジエチルエーテル，ペンタン，二硫化炭素など | 20L丸型ドラム |
| 含水廃液 | 水を含む極性廃液 | 1斗缶もしくはポリ容器（20Lポリ容器も可） |

[1] 危険物の容器は，危険物の規制に関する規則の危険等級によって定められている．廃液もそれに従った容器を用いることが望ましい．特殊引火物廃液（危険等級I）では丸型ドラム（写真9.3），極性廃液，非極性廃液では，ほとんどが危険等級IIに該当する溶媒（アセトン，メタノール，エタノール，1-プロパノール，2-プロパノール，ヘキサン，ベンゼン，トルエン，酢酸エチルなど）であるため，20Lポリ容器での貯留は不適切で，1斗缶もしくは10Lポリ容器（写真9.1）を用いる．

9.3 研究室から発生する廃棄物　183

**写真 9.3**　特殊引火物廃液の容器

(2) 有機廃液は，基本的に危険物第4類の有機溶媒もしくはハロゲン系の溶媒（ジクロロメタン，クロロホルム，四塩化炭素など）であり，反応性の物質や重金属が混入しないようにする．
(3) 反応の探索などの場合も，後処理をせずにそのまま廃液に投入することのないようにする．
(4) 重合反応をおこなうのに，仕込み量を間違ったため反応を中止するような場合には重合開始剤を分解しておく必要がある．また，重合性モノマーは，反応しきるか，問題のない濃度に希釈する．
(5) 1斗缶に貯留する場合には，長期貯留は避け，腐食に気をつける．酸は中和すること．
(6) 廃液のふたを開けたままや，ロートを差したままにしない．
(7) 廃液回収時（もしくは廃液の移動時），廃液缶，もしくはポリ容器に漏れがないことを確認する．横倒しにしてみると漏れがわかることがある．
(8) 重金属を含む有機廃液は，適正な重金属を処理し，これを分離して排出する．
(9) 廃液の受け渡し場所では，火気に注意し，消火器を携行する．

---

【事故例と対策】

例①：1斗缶に廃液を入れ長期保管したため，内部から腐食が進み，実験室の床に廃液が漏洩した．

**対策**　腐食性の廃液は，ポリタンクに貯留．有機酸は中和する．

第9章　実験系の廃棄物

例②：廃液を台車に載せ移動中，廃液が台車より落ち廃液が漏洩した．
対策　廃液が落ちないように台車に固定する．廃液容器のふたから漏れのないことを確認する．

例③：廃液の悪臭が非常に強かったため，処理業者からクレームがあった．
対策　悪臭の強い物質は入れない．

例④：回収容器に溶媒缶を使いまわした結果，回収トラックに積載した際，缶にピンホールが開いて廃液が荷台に漏れだし，回収トラックが工場に到着したときには，内容物が漏れほとんど空になっていた．
対策　回収容器に溶媒缶の使いまわしはしないこと．

例⑤：回収容器に新しい1斗缶を使ったが，回収トラックに積載した際に，キャップの部分から内容物が漏れた．
対策　パッキンを装着し，ストッパーもつけ，トラック積載時には横倒しにしても漏れないことを確認する．

例⑥：ラベルの剥がれた試薬ビンの内容物を確認するため，ふたを開けようとしたところ，内圧が高くなっていたため，ビンが破裂し，ガラスの破片で裂傷を負った．
対策　薬品によっては内圧がかかっているものがあるので注意する．不明薬品を出さない．

● 無機廃液

　無機廃液は，おもにシアン系，水銀系，重金属系，写真系，酸，アルカリ，フッ素系などに分類される．それぞれの分類に対する注意事項と推奨する容器を表9.4に示した．無機廃液は，20 L ポリ容器に貯留し，回収する．

【注意事項】
（1）有機物の混入はさけること．
（2）酸化剤や還元剤は，必ず処理しておく必要がある．
（3）重金属などを含む無機廃液は，金属ごとに貯留することが望ましい．
（4）これらの分類に当てはまらない廃液は，分類が近い廃液に入れるので

9.3 研究室から発生する廃棄物　　185

表 9.4　無機廃液の分類

| 区　分 | 注意事項 | 容　器 |
|---|---|---|
| シアン系廃液 | ・pH12 以上で貯留する<br>・含まれる重金属類は明示する<br>・有機シアン化合物は当てはまらない | 20 L ポリ容器 |
| 水銀系廃液 | ・有機水銀は酸化分解しておく<br>・金属水銀は別途貯留 | 20 L ポリ容器 |
| 重金属廃液 | ・有機金属は無機化しておく<br>・安全のため金属ごとに分別し，貯留するのが好ましい<br>・フッ化水素は別途貯留する | 20 L ポリ容器 |
| 写真系廃液 | ・現像液，定着液は分別貯留する | 20 L ポリ容器 |
| 廃　酸 | ・濃酸は希釈しておく<br>・フッ化水素は別途貯留する | 20 L ポリ容器 |
| 廃アルカリ | ・濃アルカリは希釈しておく | 20 L ポリ容器 |

はなく，別途処理を委託する．

---

【事故例と対策】

例①：ポリタンクにフッ化水素廃液を入れて保管していたが，ポリタンクに亀裂が入り，階下の図書室まで漏洩した．

対策　ポリ容器は消耗品のため，5 年を目安に取替える．また，漏洩に備えポリ容器はバットのなかに置く(p.181 の写真 9.1)．

例②：重金属廃液にシアン化物イオンが混入していたため，排水基準を超過したシアン化物イオンが未処理のまま下水に排出されそうになった．

対策　正確に分別すること．

例③：重金属廃液にジクロロメタンが混入していたため，重金属を処理後の排水に高濃度のジクロロメタンが入ったまま下水に排出されそうになった．

対策　正確に分別すること．

## 第9章 実験系の廃棄物

### ● 混合危険

実験系廃液は危険物なので，保管と取り扱いは慎重におこなう必要がある．とくに廃液は，さまざまな物質の混合物であるため，廃液をタンクに加える際や，廃液の混合時には，発熱やガスの発生などに気を配りながらおこなう．不要な試薬は，廃液には入れないこと．また，1.9節に示した混合危険にも注意を払う必要がある．

表9.5にガスが発生する組合せを示した．たとえば炭酸塩と酸のように炭酸ガスを発生する組合せでも，容器が破裂するような事故を引き起こす可能性があるため，タンクの内容物は必ずメモしておくことが重要となる．

---

**【事故例と対策】**

**例①**：回収の直前に二つの廃液を混合したため，ガスが発生し1斗缶が膨らんだ．

**対策** 廃液を混合する場合には，発熱，ガスの発生などに注意する．回収直前に廃液を混合しないこと．

---

表9.5　ガスを発生する化学物質の組合せ

| 主　剤 | 副　剤 | 発生ガス |
|---|---|---|
| 亜硝酸塩 | 酸 | 亜硝酸ガス |
| アジ化物 | 酸 | アジ化水素 |
| シアン化物 | 酸 | シアン化水素 |
| 次亜塩素酸塩 | 酸 | 塩素，次亜塩素酸 |
| 硝　酸 | 銅や鉄など金属 | 亜硝酸ガス |
| 亜硫酸塩 | 硫　酸 | 亜硫酸ガス |
| セレン化物 | 還元剤 | セレン化水素 |
| テルル化物 | 還元剤 | テルル化水素 |
| ヒ素化物 | 還元剤 | ヒ化水素(アルシン) |
| 硫化物 | 酸 | 硫化水素 |
| リ　ン | 水酸化カリウム，還元剤 | リン化水素 |
| 塩化アンモニウム | 水酸化ナトリウム | アンモニア |
| 炭酸塩，炭酸水素塩 | 酸 | 炭酸ガス |

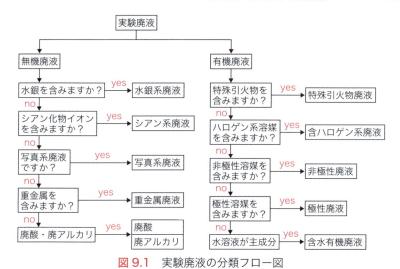

図 9.1　実験廃液の分類フロー図

● **実験系廃液の分類フロー**

一般的な実験系廃液の分類フローを図 9.1 に示した．所属機関によって異なることがあるため，十分確認する．また，分類に当てはまらない廃液は別途貯留し，内容物を開示し処理を委託する．

### 9.3.2　固体廃棄物

化学物質を含む樹脂，使用済みシリカゲル，活性炭素，ろ紙などが該当する．

◆ コラム ◆

**試薬を廃棄する際の注意**

一般に不要となった試薬は，廃液とは別途処理を委託する．不要になった試薬を廃液タンクに捨てるのは危険である．このように試薬を廃棄するにはコストがかかる．したがって，試薬の購入は必要最小限にとどめるのがよい．大容量の試薬が安価だからといって購入すると，廃棄費用のほうが高いこともある．薬品管理システムを使用し，年 1 回は棚卸しを実施し，試薬類のチェックを通しラベルが剥がれて内容物がわからなくなるのを防止する．また，長期間使用しなかった不要な試薬は廃棄する．

第 9 章　実験系の廃棄物

写真 9.4　メスキュード缶

【注意事項】
(1) 使用済みのシリカゲルなどは，使用した溶剤を除去してから排出する．
(2) 注射針や注射筒などは，感染性廃棄物としてメスキュード缶(写真 9.4)に保管し，回収を依頼する．

---

【事故例と対策】

例①：注射針が可燃ごみに混入したため，回収作業時，作業員の手に刺さった．
対策　注射針は感染性廃棄物として回収する．

例②：分離に使用したシリカゲルを可燃ごみに捨てたため，溶剤臭が漂って，回収を拒否された．
対策　引火の恐れがあるので，シリカゲルに残留した溶剤は留去したうえで，適切な分類で回収する．

例③：大型ごみの回収場所に出されていた金属製容器の内容物を確認するため傾けたところ，金属水銀がこぼれてアスファルトに散乱した．水銀の除去後，アスファルトの隙間の水銀を除くためアスファルトを削り取った．
対策　内容物は排出者の責任において確認すること．

9.4 実験排水　189

**表 9.6** 特定悪臭物質

| 分　類 | 特定悪臭物質 |
|---|---|
| 含窒素化合物 | アンモニア($NH_3$)，トリメチルアミン〔$(CH_3)_3N$〕 |
| 含硫黄化合物 | メチルメルカプタン($CH_3SH$)，硫化水素($H_2S$)，硫化メチル($CH_3SCH_3$)，二硫化メチル($CH_3SSCH_3$) |
| カルボニル化合物 | アセトアルデヒド($CH_3CHO$)，プロピオンアルデヒド($C_2H_5CHO$)，ノルマルブチルアルデヒド($C_3H_7CHO$)，イソブチルアルデヒド($iso\text{-}C_3H_7CHO$)，ノルマルバレルアルデヒド($C_4H_9CHO$)，イソバレルアルデヒド($iso\text{-}C_4H_9CHO$)，メチルイソブチルケトン($iso\text{-}C_4H_9COCH_3$) |
| 芳香族化合物 | トルエン($C_6H_5CH_3$)，スチレン($C_6H_5CH{=}CH_2$)，キシレン〔$C_6H_4(CH_3)_2$〕 |
| アルコール | イソブタノール($iso\text{-}C_4H_9OH$) |
| カルボン酸およびエステル | 酢酸エチル($CH_3COOC_2H_5$)，プロピオン酸($C_2H_5COOH$)，ノルマル酪酸($C_3H_7COOH$)，ノルマル吉草酸($C_4H_9COOH$)，イソ吉草酸($iso\text{-}C_4H_9COOH$) |

### 9.3.3　気体廃棄物（排ガス）

　有毒な気体が発生する場合には，ドラフト内で実験や作業をおこない，発生した気体はトラップもしくはスクラバーで吸収し，そのまま排出しないようにする．処理および吸収に用いた液体は適正に処理する．

### 【注意事項】

(1) アクロレイン（吸収方式，直接燃焼方式），フッ化水素（吸収方式，吸着方式），硫化水素（吸収方式，酸化・還元方式），硫酸ジメチル（吸収方式，直接燃焼方式）などが排出される場合には，定められた排ガス処理装置を設けなければならない．

(2) 悪臭防止法に定められた特定悪臭物質は表 9.6 に示した 22 の物質が該当する．これらを使用する場合には，スクラバーつきドラフトで実験するのが望ましい．

## 9.4　実験排水

　実験室内の流し台からの排水は，一般に公共下水道に流入する．実験室の流し台は特定施設として届けられ，水質汚濁防止法や下水道法の規制を受け

ている．有害物質や有害物質以外でも表 9.7 に示した下水道基準が定められているので遵守しなければならない．これらの基準を超過した場合には，自治体より排水停止処分を受ける場合があるので，各人が十分注意する必要がある．とくに，ジクロロメタンのような水溶性の高い溶剤を取扱うときは，溶剤に接触した水も注意深く回収し，流しへ流出させることがないように注意する．また，実験器具に付着した化学物質も洗浄し，二次洗浄水[*]まで回収し，適切な廃液に分類し貯留する．

【注意事項】
(1) 廃液をそのまま流しから流出させることがないようにする．
(2) 液液抽出で発生した不要な水層も回収する．
(3) 有害物質を使用した場合には，水層や器具の洗浄にとくに注意する．
(4) ジクロロメタン，1,4−ジオキサンなど水溶性の高い溶媒類の取扱い時には，とくに注意する．

---

【事故例と対策】

例① ： ジクロロメタンを抽出に使用した水層を流しに流したため，基準値を超える濃度でジクロロメタンが検出された．

対策　抽出水は必ず回収し，器具洗浄時も二次洗浄水まで回収する．ジクロロメタンの水溶性は 13 g/L（20 ℃）と非常に高い．抽出に使用した水層 1 L を流した場合，25 m プール 1 杯の水で均一に希釈しても 0.04 mg/L（下水道排除基準値 0.2 mg/L）までしか薄めることができないので，希釈して流そうとしない．

---

[*] 所属機関や取扱物質によって，回収する洗浄水の回数が異なる場合があるので注意する．

## 9.4 実験排水

表 9.7 下水道排除基準

| 測定項目 | 排除基準 mg/L 以下[1] |
|---|---|
| 温度 | 45 ℃ |
| アンモニア性窒素,亜硝酸性窒素および硝酸性窒素 | 380 |
| 水素イオン濃度(pH) | 5〜9 |
| 生物化学的酸素要求量(BOD) | 600[2] |
| 浮遊物質量(SS) | 600 |
| ノルマルヘキサン抽出物質含有量 | |
| 　　鉱油類含有量 | 5 |
| 　　動植物油脂類含有量 | 30 |
| 窒素含有量 | 240 |
| リン含有量 | 32 |
| ヨウ素消費量 | 220 |
| カドミウムおよびその化合物 | 0.03 (Cd として) |
| シアン化合物 | 1 (CN として) |
| 有機リン化合物 | 1 |
| 鉛およびその化合物 | 0.1 (Pb として) |
| 六価クロム化合物 | 0.5 (Cr として) |
| ヒ素およびその化合物 | 0.1 (As として) |
| 水銀およびアルキル水銀その他の水銀化合物 | 0.005 (Hg として) |
| アルキル水銀化合物 | 検出されない |
| ポリ塩化ビフェニル(PCB) | 0.003 |
| トリクロロエチレン | 0.1 |
| テトラクロロエチレン | 0.1 |
| ジクロロメタン | 0.2 |
| 四塩化炭素 | 0.02 |
| 1,2-ジクロロエタン | 0.04 |
| 1,1-ジクロロエチレン | 1.0 |
| シス-1,2-ジクロロエチレン | 0.4 |
| 1,1,1-トリクロロエタン | 3 |
| 1,1,2-トリクロロエタン | 0.06 |
| 1,3-ジクロロプロペン | 0.02 |
| チウラム | 0.06 |
| シマジン | 0.03 |
| チオベンカルブ | 0.2 |
| ベンゼン | 0.1 |
| セレンおよびその化合物 | 0.1 (Se として) |
| ホウ素およびその化合物 | 10 もしくは 230 (B として)[3] |
| フッ素およびその化合物 | 8 もしくは 15 (F として)[3] |
| 1,4-ジオキサン | 0.5 |
| フェノール類 | 5 |
| 銅およびその化合物 | 3 (Cu として) |
| 亜鉛およびその化合物 | 2 (Zn として) |
| 鉄およびその化合物(溶解性) | 10 (Fe として) |
| マンガンおよびその化合物(溶解性) | 10 (Mn として) |
| クロムおよびその化合物 | 2 (Cr として) |
| ダイオキシン類 | 10 pg-TEQ/L |
| 色または臭気 | 異常でないこと |

1) 基準値は,自治体によって異なる場合がある,2) 1 L につき 5 日間に 600 mg 未満,
3) 海域に排出されるものは後者の値.

第 9 章　実験系の廃棄物

◆ コラム ◆
### 廃棄物に関するまとめ

(1) 廃棄物は適正に分別する．
(2) 廃棄物は内容を開示し，委託処理を依頼する．
(3) 所属機関の分類に当てはまらない廃棄物は，別途処理を委託する．
(4) 廃液は流しに流さない．
(5) 実験器具の洗浄水も，二次洗浄水まで回収する．
(6) 廃棄物は貯めずに，こまめに回収にだす．

――― 章 末 問 題 ―――

1. 特別管理産業廃棄物に該当しないものはどれか．
　① 廃油（グリセリン）　　② 引火性廃油
　③ 腐食性廃酸（pH2.0以下のもの）　　④ 廃酸（pH3.0）

2. 無機廃液を貯蔵，回収するときにおこなっても問題ないものはどれか．
　① 有機廃液は少量であれば，混ざっていてもよい
　② 還元剤や酸化剤を処理せずに貯蔵してもよい
　③ 金属ごとに貯留する必要はない
　④ フッ化水素も他の無機廃液と同じポリ容器に貯留する
　⑤ ①～④のすべて問題がある

3. 廃棄物を外部委託で処理する場合，重要な事柄はどれか．
　① 内容物を開示すること　　② 契約通りに分類すること
　③ 移送時に漏洩しないような適切な容器を用いる
　④ ①から③のすべて

4. 硝酸を含んだ廃液は，どの区分で廃棄するか．
　① 有機廃液　　② 無機廃液　　③ 流しから流す　　④ 中和して流す

5. エバポレーターで留去したヘキサンをどの分類の廃液に入れるか．

章末問題

① 極性廃液　② 非極性廃液　③ 含ハロゲン廃液
④ 特殊引火物廃液　⑤ 含水廃液

6. 実験が終了し，器具を洗浄する．廃液を回収したあとの，正しい器具洗浄方法はどれか．
① そのまま洗剤で洗浄する　② 器具についた化学物質も適切に回収する
③ 規制されている物質を使っていないので，洗剤で洗浄する

7. 実験が終了し，有機溶媒に少量の金属が溶解した廃液が出た．どの廃液に入れるか．
① 無機廃液(重金属)に入れる　② 金属と有機溶媒を分離する
③ 有機廃液に入れる　④ 内容物を開示して処理を委託する
⑤ ①③が正しい　⑥ ②④が正しい

8. 反応してガスの発生する化学物質の組合せはどれか．
① シアン化物と酸　② 次亜塩素酸塩と酸　③ 硫化物と塩基
④ リンと酸化物　⑤ 炭酸塩と酸

9. 特定悪臭物質に指定されている化合物はどれか．
① アンモニア　② トリエチルアミン　③ ベンズアルデヒド
④ トルエン　⑤ 酢酸エチル　⑥ プロピオンアルデヒド

# 194 付 表

**[付表1]** 研究室でよく使用される化学物質とそれらに対するおもな法規制

| 法律名 | 毒劇法 | 労働安全衛生法 | | | |
|---|---|---|---|---|---|
| 規則区分等 | 毒物／劇物 | 特化則 1～3類 | 特別管理物質 | 有機則 1～3種 | 57条の2 文書の交付 |
| 要求事項 ／ 化学物質名称 | 施錠保管 使用簿 紛失・盗難 届出 | ドラフト・保護具使用 | 使用簿・作業記録30年保管 | ドラフト・保護具使用 | リスク評価の実施→リスクの低減化 |
| アセトン | | | | 2種 | ○ |
| エタノール | | | | | |
| メタノール | 劇 | | | 2種 | ○ |
| ヘキサン | | | | | ○ |
| クロロホルム | 劇 | 2類 | ○ | | ○ |
| 2-プロパノール | | | | 2種 | ○ |
| アセトニトリル | 劇 | | | | ○ |
| 塩酸36% | 劇（> 10%） | 3類 | | | |
| ジクロロメタン | | 2類 | ○ | | ○ |
| 酢酸エチル | 劇 | | | 2種 | ○ |
| ジメチルホルムアミド | | | | 2種 | ○ |
| トルエン | 劇 | | | 2種 | ○ |
| 硫酸 | 劇（> 10%） | 3類 | | | |
| 水酸化ナトリウム | 劇（> 5%） | | | | |
| ジエチルエーテル | | | | 2種 | ○ |
| キシレン | 劇 | | | 2種 | ○ |
| 過酸化水素 | 劇（> 6%） | | | | ○ |
| 酢酸 | | | | | ○ |
| テトラヒドロフラン | | | | 2種 | ○ |
| ジメチルスルホキシド | | | | | |
| 水酸化カリウム | 劇（> 5%） | | | | ○ |
| アンモニア水 | 劇（> 10%） | 3類 | | | ○ |
| エチレンオキシド | 劇 | 2類 | ○ | | ○ |
| グリセリン | | | | | |
| 硝酸 | 劇（> 10%） | 3類 | | | ○ |
| ホルムアルデヒド | 劇 | 2類 | ○ | | ○ |
| 1,4-ジオキサン | | 2類 | ○ | | ○ |
| 2-メルカプトエタノール | 毒（> 10%）5) | | | | ○ |
| アジ化ナトリウム | 毒（> 0.1%） | | | | ○ |
| ベンジルクロライド | 毒 | | | | ○ |
| メタンスルホニルクロライド | 毒 | | | | |
| カコジル酸ナトリウム | 毒 | 2類 | ○ | | ○ |
| シアン化ナトリウム | 毒 | 2類 | | | ○ |
| チメロサール | 毒 | | | | |
| ピロカテコール | 劇 | | | | ○ |
| 塩化ホスホリル | 毒 | | | | ○ |
| ベンゼンチオール | 毒 | | | | ○ |
| トリブチルアミン | 毒 | | | | ○ |
| 水酸化テトラメチルアンモニウム | 毒 | | | | ○ |
| ピバロイルクロライド | 毒 | | | | |
| 無水酢酸 | 劇 | | | | ○ |
| 無水マレイン酸 | 劇 | | | | ○ |
| フッ化水素酸 | 毒 | 2類 | | | ○ |

1) 臭気係数で規制されている場合もある.

2) 特：特定第一種指定化学質.

3) 4-1水：危険物第4類第一石油類水溶性，4-1非水：危険物第4類第一石油類非水溶性，ア：アルコール類，特：特殊引火物.

| 労働安全衛生法 | 労働基準法 | 悪臭防止法[1] | 消防法 | | 水質汚濁防止法 | | PRTR法[2] |
|---|---|---|---|---|---|---|---|
| 作業環境測定 | 女性労働基準規則 | 特定悪臭物質 | 危険物[3] | 消防活動阻害物質 | 有害物質 | 指定物質 | 第1種政令番号 |
| 測定結果の保管（3あるいは30年），測定基準の遵守 | 作業環境測定第1管理区分→女性就業禁止 | 敷地境界線，気体排出口，排出水における濃度規制 | 大量保管許可，届出 | 大量保管届出 | 漏洩事故報告／廃液回収[4] | 漏洩事故報告 | 大量取扱届出 |
| ○ | | | 4-1 水 | | | | |
| | | | 4-ア | | | | |
| ○ | ○ | | 4-ア | | | | |
| | | | 4-1 非水 | | | | 1-392 |
| ○ | | | | ○ | | ○ | 1-127 |
| ○ | | | 4-ア | | | | |
| | | | 4-1 水 | | | | 1-13 |
| | | | | ○ | | ○ | |
| ○ | | | | | ○ | | 1-186 |
| ○ | | ○ | 4-1 非水 | | ○ | | |
| ○ | ○ | | 4-2 水 | | | | 1-232 |
| ○ | ○ | ○ | 4-1 非水 | | | ○ | 1-300 |
| | | | | ○（＞60%） | ○ | | |
| | | | | | | ○ | |
| ○ | | | 4-特 | | | | |
| ○ | ○ | ○ | 4-2 非水 | | | ○ | 1-80 |
| | | | 6 | | ○ | | |
| | | | 4-2 水 | | | | |
| ○ | | | 4-1 水 | | | | |
| | | | 4-3 水 | | | | |
| | | | | | ○ | | |
| | | ○ | | ○（＞30%） | ○ | | |
| ○ | ○ | | | | | | 1-56 特 |
| | | | 4-3 水 | | | | |
| | | | 6 | | ○ | | |
| ○ | | | | ○（＞1%） | | ○ | 1-411 特 |
| ○ | | | 4-1 水 | | | | 1-150 |
| | | | 4-2 水 | | | | |
| | | | 5 | | | | 1-11 |
| | | | 4-2 非水 | | | | 1-398 |
| | | | 4-3 非水 | | | | |
| ○ | ○ | | | | ○ | | |
| ○ | | | | ○ | | | 1-108 |
| | | | | | | | 1-343 |
| | | | | ○ | | | |
| | | | 4-3 非水 | | | | 1-246 |
| | | | 4-3 非水 | | | | 1-292 |
| | | | | | | | |
| | | | 4-2 非水 | | | | |
| | | | 4-2 非水 | | | | |
| | | | | | | | 1-414 |
| | | | | ○ | | ○ | 1-374 |

4) 基本的にすべての化学物質は，保護具着用で取り扱い，実験後すべて回収し，下水等に流さない.

5) 10%以下は劇物（ただし，容量20 L以下の容器に収められたものであって，0.1%以下を含有するものを除く）.

# 196 付　表

## [付表 2]　危険物の指定数量

| 類別(性質) | | 品　名 | 性　状 | 指定数量 | 危険等級 |
|---|---|---|---|---|---|
| 第 1 類<br>(酸化性固体) | 1 | 塩素酸塩類 | | | |
| | 2 | 過塩素酸塩類 | | | |
| | 3 | 無機過酸化物 | | | |
| | 4 | 亜塩素酸塩類 | | | |
| | 5 | 臭素酸塩類 | | | |
| | 6 | 硝酸塩類 | | | |
| | 7 | ヨウ素酸塩類 | | | |
| | 8 | 過マンガン酸塩類 | 第 1 種酸化性固体 | 50 kg | I |
| | 9 | 重クロム酸塩類 | | | |
| | 10 | その他のもので政令で定めるもの<br>　一　過ヨウ素酸塩類<br>　二　過ヨウ素酸<br>　三　クロム，鉛またはヨウ素の酸化物<br>　四　亜硝酸塩類<br>　五　次亜塩素酸塩類<br>　六　塩素化イソシアヌル酸<br>　七　ペルオキソ二硫酸塩類<br>　八　ペルオキソホウ酸塩類<br>　九　炭酸ナトリウム過酸化水素付加物 | 第 2 種酸化性固体<br><br>第 3 種酸化性固体 | 300 kg<br><br>1000 kg | II<br><br>III |
| | 11 | 前各号に掲げるもののいずれかを含むもの | | | |
| 第 2 類<br>(可燃性固体) | 1 | 硫化リン | | 100 kg | II |
| | 2 | 赤リン | | 100 kg | II |
| | 3 | 硫黄 | | 100 kg | II |
| | 4 | 鉄粉 | | 500 kg | III |
| | 5 | 金属粉 | 第 1 種可燃性固体 | 100 kg | II |
| | 6 | マグネシウム | | | |
| | 7 | その他のもので政令で定めるもの | 第 2 種可燃性固体 | 500 kg | III |
| | 8 | 前各号に掲げるもののいずれかを含むもの | | | |
| | 9 | 引火性固体 | | 1000 kg | III |
| 第 3 類<br>(自然発火性物質および禁水性物質) | 1 | カリウム | | 10 kg | I |
| | 2 | ナトリウム | | 10 kg | I |
| | 3 | アルキルアルミニウム | | 10 kg | I |
| | 4 | アルキルリチウム | | 10 kg | I |
| | 5 | 黄リン | | 20 kg | I |
| | 6 | アルカリ金属（カリウムおよびナトリウムを除く）およびアルカリ土類金属 | 第 1 種自然発火性物質および禁水性物質 | 10 kg | I |
| | 7 | 有機金属化合物（アルキルアルミニウムおよびアルキルリチウムを除く） | 第 2 種自然発火性物質および禁水性物質 | 50 kg | II |
| | 8 | 金属の水素化物 | | | |
| | 9 | 金属のリン化物 | | | |
| | 10 | カルシウムまたはアルミニウムの炭化物 | | | |
| | 11 | その他のもので政令で定めるもの<br>　塩素化ケイ素化合物 | 第 3 種自然発火性物質および禁水性物質 | 300 kg | II |
| | 12 | 前各号に掲げるもののいずれかを含むもの | | | |

(つづく)

付　表　197

| 類別(性質) | | 品　名 | 性　状 | 指定数量 | 危険等級 |
|---|---|---|---|---|---|
| 第4類<br>(引火性液体) | 1 | 特殊引火物 | | 50 L | I |
| | 2 | 第1石油類 | 非水溶性液体 | 200 L | II |
| | | | 水溶性液体 | 400 L | II |
| | 3 | アルコール類 | | 400 L | II |
| | 4 | 第2石油類 | 非水溶性液体 | 1000 L | III |
| | | | 水溶性液体 | 2000 L | III |
| | 5 | 第3石油類 | 非水溶性液体 | 2000 L | III |
| | | | 水溶性液体 | 4000 L | III |
| | 6 | 第4石油類 | | 6000 L | III |
| | 7 | 動植物油類 | | 10000 L | III |
| 第5類<br>(自己反応性<br>物質) | 1 | 有機過酸化物 | 第1種自己反応性<br>物質 | 10 kg | I |
| | 2 | 硝酸エステル類 | | | |
| | 3 | ニトロ化合物 | | | |
| | 4 | ニトロソ化合物 | | | |
| | 5 | アゾ化合物 | | | |
| | 6 | ジアゾ化合物 | | | |
| | 7 | ヒドラジンの誘導体 | | | |
| | 8 | ヒドロキシルアミン | | | |
| | 9 | ヒドロキシルアミン塩類 | 第2種自己反応性<br>物質 | 100 kg | II |
| | 10 | その他のもので政令で定めるもの<br>　一　金属のアジ化物<br>　二　硝酸グアニジン<br>　三　1-アリルオキシ-2,3-エポキシプロパン<br>　四　4-メチリデンオキセタン-2-オン | | | |
| | 11 | 前各号に掲げるもののいずれかを含むもの | | | |
| 第6類<br>(酸化性液体) | 1 | 過塩素酸 | | 300 kg | I |
| | 2 | 過酸化水素 | | | |
| | 3 | 硝酸 | | | |
| | 4 | その他のもので政令で定めるもの<br>　ハロゲン間化合物 | | | |
| | 5 | 前各号に掲げるもののいずれかを含むもの | | | |

198 付　表

## [付表3]　特定化学物質

| 分　類 | 名　称 | 作業環境測定管理濃度[4] | 区　分 | 特別管理物質 | 女性労働基準規則対象物質 |
|---|---|---|---|---|---|
| 第一類物質 | ジクロロベンジジンおよびその塩 | — | | ○ | |
| | アルファ−ナフチルアミンおよびその塩 | — | | ○ | |
| | 塩素化ビフェニル（別名 PCB） | 0.01 mg/m³ | | | ○ |
| | オルト−トリジンおよびその塩 | — | | ○ | |
| | ジアニシジンおよびその塩 | — | | ○ | |
| | ベリリウムおよびその化合物[1] | Be として 0.001 mg/m³ | | ○ | |
| | ベンゾトリクロリド[2] | 0.05 ppm | | ○ | |
| 第二類物質 | アクリルアミド | 0.1 mg/m³ | 特定 | | ○ |
| | アクリロニトリル | 2 ppm | 特定 | | |
| | アルキル水銀化合物（アルキル基がメチル基またはエチル基であるものにかぎる） | Hg として 0.01 mg/m³ | 管理 | | |
| | インジウム化合物 | — | 管理 | ○ | |
| | エチルベンゼン | 20 ppm | 特別有機溶剤 | ○ | ○ |
| | エチレンイミン | 0.05 ppm | 特定 | ○ | ○ |
| | エチレンオキシド | 1 ppm | 特定 | ○ | ○ |
| | 塩化ビニル | 2 ppm | 特定 | ○ | |
| | 塩素 | 0.5 ppm | 特定 | | |
| | オーラミン | — | オーラミン等 | ○ | |
| | オルト−トルイジン | 1 ppm | 特定 | ○ | |
| | オルト−フタロジニトリル | 0.01 mg/m³ | 管理 | | |
| | カドミウムおよびその化合物 | Cd として 0.05 mg/m³ | 管理 | | カドミウム化合物 |
| | クロム酸およびその塩 | Cr として 0.05 mg/m³ | 管理 | ○ | クロム酸塩 |
| | クロロホルム | 3 ppm | 特別有機溶剤 | ○ | |
| | クロロメチルメチルエーテル | — | 特定 | ○ | |
| | 五酸化バナジウム | V として 0.03 mg/m³ | 管理 | ○ | ○ |
| | コバルトおよびその無機化合物 | Co として 0.02 mg/m³ | 管理 | ○ | |
| | コールタール[3] | ベンゼン可溶性成分として 0.2 mg/m³ | 管理 | ○ | |
| | 酸化プロピレン | 2 ppm | 特定 | ○ | |
| | 三酸化二アンチモン | Sb として 0.1 mg/m³ | 管理 | ○ | |
| | シアン化カリウム[3] | CN として 3 mg/m³ | 管理 | | |
| | シアン化水素 | 3 ppm | 特定 | | |
| | シアン化ナトリウム[3] | CN として 3 mg/m³ | 管理 | | |
| | 四塩化炭素 | 5 ppm | 特別有機溶剤 | ○ | |
| | 1,4−ジオキサン | 10 ppm | 特別有機溶剤 | ○ | |
| | 1,2−ジクロロエタン（別名二塩化エチレン） | 10 ppm | 特別有機溶剤 | ○ | |
| | 3,3′−ジクロロ−4,4′−ジアミノジフェニルメタン | 0.005 mg/m³ | 特定 | ○ | |
| | 1,2−ジクロロプロパン | 1 ppm | 特別有機溶剤 | ○ | |
| | ジクロロメタン（別名二塩化メチレン） | 50 ppm | 特別有機溶剤 | ○ | |

（つづく）

付　表　199

| 分　類 | 名　称 | 作業環境測定<br>管理濃度[4] | 区　分 | 特別管理物質 | 女性労働基準規則対象物質 |
|---|---|---|---|---|---|
| 第二類物質 | ジメチル-2,2-ジクロロビニルホスフェイト(別名DDVP) | 0.1 mg/m³ | 特定 | ○ | |
| | 1,1-ジメチルヒドラジン | 0.01 ppm | 特定 | ○ | |
| | 臭化メチル | 1 ppm | 特定 | | |
| | 重クロム酸およびその塩 | Cr として 0.05 mg/m³ | 管理 | ○ | |
| | 水銀およびその無機化合物(硫化水銀を除く) | Hg として 0.025 mg/m³ | 管理 | | ○ |
| | スチレン | 20 ppm | 特別有機溶剤 | ○ | ○ |
| | 1,1,2,2-テトラクロロエタン（別名四塩化アセチレン） | 1 ppm | 特別有機溶剤 | ○ | |
| | テトラクロロエチレン(別名パークロロエチレン) | 25 ppm | 特別有機溶剤 | ○ | ○ |
| | トリクロロエチレン | 10 ppm | 特別有機溶剤 | ○ | ○ |
| | トリレンジイソシアネート | 0.005 ppm | 特定 | ○ | |
| | ナフタレン | 10 ppm | 特定 | ○ | |
| | ニッケル化合物（ニッケルカルボニルを除き，粉状の物にかぎる） | Ni として 0.1 mg/m³ | 管理 | ○ | 塩化ニッケル(II) |
| | ニッケルカルボニル | 0.001 ppm | 特定 | ○ | |
| | ニトログリコール | 0.05 ppm | 管理 | | |
| | パラ-ジメチルアミノアゾベンゼン | ― | 特定 | ○ | |
| | パラ-ニトロクロロベンゼン[3] | 0.6 mg/m³ | 特定 | ○ | |
| | ヒ素およびその化合物(アルシンおよびヒ化ガリウムを除く) | As として 0.003 mg/m³ | 管理 | ○ | ヒ素化合物 |
| | フッ化水素[3] | 0.5 mg/m³ | 特定 | ○ | |
| | ベーター-プロピオラクトン | 0.5 ppm | 特定 | ○ | ○ |
| | ベンゼン | 1 ppm | 特定 | ○ | |
| | ペンタクロロフェノール(別名PCP)およびそのナトリウム塩 | PCP として 0.5 mg/m³ | 管理 | | ○ |
| | ホルムアルデヒド | 0.1 ppm | 特定 | ○ | |
| | マゼンタ | ― | オーラミン等 | ○ | |
| | マンガンおよびその化合物 | Mn として 0.05 mg/m³ | 管理 | | マンガン |
| | メチルイソブチルケトン | 20 ppm | 特別有機溶剤 | ○ | |
| | ヨウ化メチル | 2 ppm | 特定 | | |
| | 溶接ヒューム | ― | 管理 | | |
| | リフラクトリーセラミックファイバー | 5 µm 以上の繊維として 0.3 本/cm³ | 管理 | ○ | |
| | 硫化水素 | 1 ppm | 特定 | | |
| | 硫酸ジメチル | 0.1 ppm | 特定 | | |
| 第三類物質[3] | アンモニア | ― | | | |
| | 一酸化炭素 | ― | | | |
| | 塩化水素 | ― | | | |
| | 硝酸 | ― | | | |
| | 二酸化硫黄 | ― | | | |
| | フェノール[3] | ― | | | |
| | ホスゲン | ― | | | |
| | 硫酸 | ― | | | |

特定化学物質は，1重量％を超えて含有するものが該当.
1) ベリリウム合金では3重量％を超えるものが該当.　2) 0.5重量％を超えるものが該当.
3) 5重量％を超えて含有するものが該当.　4) 25℃，1気圧の空気中の濃度.

200　付　表

## [付表4]　有機溶剤

| | 名　称 | 作業環境測定管理濃度[3] | 女性労働基準規則対象物質 |
|---|---|---|---|
| 第一種有機溶剤[1] | 1,2-ジクロロエチレン(別名二塩化アセチレン) | 150 ppm | |
| | 二硫化炭素 | 1 ppm | ○ |
| 第二種有機溶剤[2] | アセトン | 500 ppm | |
| | イソブチルアルコール | 50 ppm | |
| | イソプロピルアルコール(2-プロパノール) | 200 ppm | |
| | イソペンチルアルコール(別名イソアミルアルコール) | 100 ppm | |
| | エチルエーテル | 400 ppm | |
| | エチレングリコールモノエチルエーテル(別名セロソルブ) | 5 ppm | ○ |
| | エチレングリコールモノエチルエーテルアセテート(別名セロソルブアセテート) | 5 ppm | ○ |
| | エチレングリコールモノノルマルブチルエーテル(別名ブチルセロソルブ) | 25 ppm | |
| | エチレングリコールモノメチルエーテル(別名メチルセロソルブ) | 0.1 ppm | ○ |
| | オルト-ジクロロベンゼン | 25 ppm | |
| | キシレン | 50 ppm | ○ |
| | クレゾール | 5 ppm | |
| | クロロベンゼン | 10 ppm | |
| | 酢酸イソブチル | 150 ppm | |
| | 酢酸イソプロピル | 100 ppm | |
| | 酢酸イソペンチル(別名酢酸イソアミル) | 50 ppm | |
| | 酢酸エチル | 200 ppm | |
| | 酢酸ノルマルブチル | 150 ppm | |
| | 酢酸ノルマルプロピル | 200 ppm | |
| | 酢酸ノルマルペンチル(別名酢酸ノルマルアミル) | 50 ppm | |
| | 酢酸メチル | 200 ppm | |
| | シクロヘキサノール | 25 ppm | |
| | シクロヘキサノン | 20 ppm | |
| | $N,N$-ジメチルホルムアミド | 10 ppm | ○ |
| | テトラヒドロフラン | 50 ppm | |
| | 1,1,1-トリクロロエタン | 200 ppm | |
| | トルエン | 20 ppm | ○ |
| | ノルマルヘキサン | 40 ppm | |
| | 1-ブタノール | 25 ppm | |
| | 2-ブタノール | 100 ppm | |
| | メタノール | 200 ppm | ○ |
| | メチルエチルケトン | 200 ppm | |
| | メチルシクロヘキサノール | 50 ppm | |
| | メチルシクロヘキサノン | 50 ppm | |
| | メチルノルマルブチルケトン | 5 ppm | |
| 第三種有機溶剤 | ガソリン | — | |
| | コールタールナフサ(ソルベントナフサを含む) | — | |
| | 石油エーテル | — | |
| | 石油ナフサ | — | |
| | 石油ベンジン | — | |
| | テレビン油 | — | |
| | ミネラルスピリット(ミネラルシンナー, ペトロリウムスピリット, ホワイトスピリットおよびミネラルターペンを含む) | — | |

1) 第1種有機溶剤のみからなる混合物や第1種有機溶剤を5重量%を超えて含有するものも該当.
2) 第2種有機溶剤のみからなる混合物や第1種および第2種有機溶剤を5重量%を超えて含有するものも該当.
3) 25℃, 1気圧の空気中の濃度.

# 索　引

## ■ 英数字 ■

| | |
|---|---|
| 1,2-ジクロロプロパン | *144* |
| ABC 消火器 | *58* |
| AED | *126* |
| A 火災（普通火災） | *59* |
| B 火災（油火災） | *59* |
| C 火災（電気火災） | *59* |
| DDT | *137* |
| FAO/WHO 合同食品添加物専門家会議 | |
| 　（JECFA） | *162* |
| GHS | *18, 81* |
| $LC_{50}$ | *70* |
| LCLo | *70* |
| LD50 | *20, 70* |
| LDLo | *70* |
| NOAEL | *151* |
| POPs 条約 | *154* |
| PRTR 対象物質 | *181* |
| REACH | *140* |
| SDS | *18, 145* |
| X 線 | *119* |

## ■ あ ■

| | |
|---|---|
| アジェンダ 21 | *140* |
| アース | *126* |
| 圧縮ガス | *92* |
| 圧力計（圧力ゲージ） | *108* |
| 圧力調整器 | *110, 114, 115* |
| 圧力調整バルブ | *113* |
| 油火災 | *56* |
| アルコール類 | *35, 38* |
| 安衛法 | *144* |
| 安全 | *136* |
| 　──データシート | *145* |
| 　──弁 | *105* |
| いき値 | *120, 151* |

| | |
|---|---|
| 一日摂取許容量（acceptable daily intake； | |
| 　ADI） | *152, 162* |
| 一般毒性 | *151* |
| 遺伝子毒性 | *151* |
| 医薬品 | *69* |
| 医薬品，医療機器等の品質，有効性及び安 | |
| 　全性の確保等に関する法律 | *68* |
| 医薬品医療機器等法 | *68, 69* |
| 医薬部外品 | *69* |
| 医薬用外化学物質 | *69, 81* |
| 医薬用外毒物 | *70* |
| 引火性液体 | *34, 35* |
| 引火性固体 | *27* |
| 引火点 | *17, 35, 36* |
| 液化ガス | *92, 93, 99* |
| 液体廃棄物 | *181* |
| エンドポイント | *136* |
| オクタノール | *155* |
| 乙種危険物取扱者 | *26* |

## ■ か ■

| | |
|---|---|
| 外部被曝 | *169* |
| 開放型容器 | *93* |
| 化学泡消火器 | *57* |
| 化学物質安全性データシート | *17, 18* |
| 確定的影響 | *120, 167* |
| 確率的影響 | *120, 168* |
| 火災予防条例 | *50* |
| 過少感受性（hyposensitivity） | *151* |
| 化審法 | *140* |
| 可燃性 | *95* |
| 　──ガス | *93* |
| 　──固体 | *26* |
| 過敏症（hypersensitivity） | *151* |
| 可溶栓式安全弁 | *106* |
| 含水廃液 | *182* |
| 乾性油 | *42* |

## 202　索　引

| | |
|---|---|
| 乾燥砂 | 58, 60 |
| 感電 | 125 |
| 含ハロゲン廃液 | 182 |
| 管理区域 | 120 |
| 管理第二類 | 80 |
| 管理濃度 | 142 |
| 機械泡消火器 | 57 |
| 危険等級 | 25, 35, 50 |
| 危険物 | 22 |
| ——第 1 類 | 23 |
| ——第 2 類 | 26 |
| ——第 3 類 | 30 |
| ——第 4 類 | 34 |
| ——第 5 類 | 44 |
| ——第 6 類 | 46 |
| ——取扱者 | 26 |
| ——の指定数量 | 25 |
| 気体廃棄物(排ガス) | 189 |
| 強化液消火器 | 57 |
| 局所作用 | 68 |
| 極性廃液 | 182 |
| 許容消費量 | 80 |
| 許容電流値 | 129 |
| 許容濃度 | 87, 142 |
| 緊急シャワー | 64 |
| 禁水 | 33 |
| ——性物質 | 30 |
| 金属火災 | 56 |
| グレイ(Gy) | 168 |
| 劇物 | 69 |
| 劇薬 | 76 |
| 化粧品 | 69 |
| 健康食品 | 69 |
| 高圧ガス | 91, 92 |
| ——保安法 | 18, 93 |
| 甲種危険物取扱者 | 26 |
| 恒常性 | 141 |
| 甲状腺ホルモン | 172 |
| 高電圧(高圧) | 126 |
| 刻印 | 94 |
| 固体廃棄物 | 187 |
| コーデックス委員会 | 162, 171 |
| コネクター | 115 |

| | |
|---|---|
| コールドエバポレーター | 93 |
| 混合危険 | 47, 48 |
| 混触危険 | 47 |

### ■ さ ■

| | |
|---|---|
| 酸化性液体 | 46 |
| 酸化性固体 | 23 |
| 産業廃棄物 | 178 |
| 酸素欠乏状態(酸欠) | 91, 97, 98 |
| 残留性有機汚染物質(persistent organic pollutants；POPs) | 154 |
| シアン系廃液 | 185 |
| 自加圧式容器 | 103 |
| 自己反応性物質 | 44 |
| 自然発火性物質 | 26, 30 |
| 実験系廃液の分類フロー | 187 |
| 実効線量 | 169 |
| ——係数 | 171 |
| 実質安全量(virtually safety dose；VSD) | 166 |
| 指定数量 | 35, 50 |
| 指定薬物 | 69, 76 |
| 支燃性 | 97 |
| ——ガス | 93 |
| シーベル | 93, 102 |
| シーベルト(Sv) | 168 |
| 写真系廃液 | 185 |
| 重金属廃液 | 185 |
| 消火原理 | 55 |
| 消火作用 | 55 |
| 消火方法 | 55 |
| 脂溶性 | 150 |
| 消防法 | 17, 18, 22, 35, 50 |
| 除去作用 | 56 |
| 食品安全委員会 | 158, 161 |
| じょ限量 | 98 |
| シンボルマーク | 18 |
| 水銀系廃液 | 185 |
| 水質汚濁防止法 | 189 |
| 水蒸気爆発 | 29 |
| 水性二相分配系(aqueous two-phase system) | 155 |
| 水素爆発 | 29 |

索 引 203

| | |
|---|---|
| ストップバルブ | *112* |
| ストレスチェック | *146* |
| スプリング式（ばね式）安全弁 | *106* |
| 生殖毒性 | *68* |
| 生殖毒性物質 | *81* |
| 静電気 | *43, 125, 129* |
| 生物濃縮係数（bioconcentration factor；BCF） | *154* |
| 生物濃縮性 | *153* |
| セルファー | *102, 103* |
| 洗眼器 | *64* |
| 全身作用 | *68* |

### ■ た ■

| | |
|---|---|
| 第1管理区分 | *81* |
| 第1石油類 | *35, 37, 43* |
| 第2管理区分 | *81* |
| 第2石油類 | *38, 43* |
| 第3管理区分 | *81* |
| 第3石油類 | *38, 39* |
| 第4石油類 | *38, 39* |
| 第一類物質 | *79* |
| ダイオキシン対策特別措置法 | *177* |
| 第三類物質 | *79* |
| 帯電現象 | *128* |
| 第二類物質 | *79* |
| 胆管がん | *144* |
| 炭酸ガス消火器 | *58* |
| 地球サミット | *140* |
| 窒息作用 | *56* |
| 『沈黙の春（Silent Spring）』 | *137* |
| 低温液化ガス | *93, 99* |
| ——貯蔵用容器 | *102* |
| 電気火災 | *56* |
| 電流量 | *125* |
| 凍傷 | *104* |
| 動植物油類 | *39* |
| 動電気 | *129* |
| 毒劇法 | *68, 69, 74* |
| 特殊引火物 | *35, 43* |
| ——廃液 | *182* |
| 特殊材料ガス | *93* |
| 毒性ガス | *93* |

| | |
|---|---|
| 特定悪臭物質 | *189* |
| 特定化学物質 | *78* |
| ——障害予防規則 | *77* |
| ——第二類 | *79* |
| 特定施設 | *189* |
| 特定第二類 | *80* |
| 特定毒物 | *70, 73* |
| 毒物 | *69, 76* |
| 毒物及び劇物取締法 | *68, 69, 74* |
| 特別管理産業廃棄物 | *178* |
| 特別高電圧（特別高圧） | *127* |
| 特別有機溶剤 | *80* |
| 特化則 | *77* |
| トラッキング現象 | *130* |
| トランス脂肪酸 | *157* |
| ——摂取量 | *158* |
| トリグリセリド | *39* |
| トレードオフ（相反関係） | *138* |

### ■ な ■

| | |
|---|---|
| 内部被曝 | *169* |
| 二次圧用ブルドン管ゲージ | *113* |
| 日本産業衛生学会 | *142* |
| ネガティブリスト方式 | *164* |
| ネックバルブ | *106, 112* |
| ——の破損 | *106* |
| 燃焼範囲（爆発範囲） | *36* |

### ■ は ■

| | |
|---|---|
| 廃アルカリ | *185* |
| 廃棄物処理法 | *178* |
| 廃酸 | *185* |
| 暴露マージン（margin of exposure；MOE） | *165* |
| 暴露量 | *136, 150* |
| ——－反応関係 | *138* |
| ——－反応曲線 | *150* |
| ハザード | *135* |
| ——管理 | *135* |
| バセドウ病 | *172* |
| 発火点 | *17, 32, 36* |
| 発がん性物質 | *76* |
| 破裂板式安全弁 | *105* |

204 索 引

ハロゲン化炭化水素類 85
半数致死濃度 70
半数致死量 70
非極性廃液 182
被曝線量 120
微粉末 29
不確実性 138
　——係数 152
　——係数積 152, 165
普通火災 56
普通物 69
不燃性ガス 93
ブルドン管式圧力計 109
分解爆発性 92
粉塵爆発 29, 128
分配係数 155
粉末消火器 58
ベクレル（Bq） 168
変異原性 68
ベンチマークドーズ法 165
抱合反応 143
放射性ヨウ素 172
放射線 119
　——測定装置 120
防爆型機器 131
ポケット線量計 120
保護液 33, 34
ポジティブリスト（positive list；PL)制度 163

## ■ ま ■

マーケットバスケット方式 162
マニフェスト 179
水消火器 57
無機廃液 184

## ■ や ■

薬品管理システム 83
有害物質 180
有機則 77
有機廃液 182
有機溶剤中毒予防規則 77, 80
有毒ガス 98
ユニットリスク 166
溶解ガス 93
抑制作用 56
予防原則 140

## ■ ら ■

リスク 136
　——管理 137
　——評価 137, 145
　——–ベネフィット管理 137
冷却作用 56
レイチェル・カーソン 137
レーザー光 119, 121
労働安全衛生法 68, 80, 144

著者紹介（★印は編著者）

【第0章〜第6章担当】
柳　日馨（りゅう　いるひょん）★
大阪公立大学特任教授
1951年　愛知県生まれ
1978年　大阪大学大学院工学研究科博士後期
　　　　課程修了
専　門　有機合成化学
工学博士

【第1章〜第6章担当】
西山　豊（にしやま　ゆたか）★
関西大学化学生命工学部教授
1960年　兵庫県生まれ
1985年　大阪大学大学院工学研究科博士前期
　　　　課程修了
専　門　有機合成化学
工学博士

【第7章，第8章担当】
高橋　大輔（たかはし　だいすけ）
日本大学生産工学部専任講師
1973年　千葉県生まれ
1998年　日本大学大学院生産工学研究科博士
　　　　前期課程修了
専　門　高分子溶液物性，高分子物理化学
博士（工学）

【第3章，第9章担当】
角井　伸次（つのい　しんじ）
大阪大学環境安全研究管理センター准教授
1963年　和歌山県生まれ
1987年　大阪大学大学院工学研究科博士前期
　　　　課程修了
専　門　分析化学，環境化学
博士（工学）

# 化学系のための安全工学——実験におけるリスク回避のために

2017年10月10日　第1版　第1刷　発行
2024年3月1日　　　　　　第5刷　発行

編著者　柳　　　日　馨
　　　　西　山　　　豊
発行者　曽　根　良　介
発行所　（株）化学同人

検印廃止

**JCOPY**〈出版者著作権管理機構委託出版物〉
本書の無断複写は著作権法上での例外を除き禁じられて
います．複写される場合は，そのつど事前に，出版者著作
権管理機構（電話 03-5244-5088，FAX 03-5244-5089，
e-mail: info@jcopy.or.jp）の許諾を得てください．

本書のコピー，スキャン，デジタル化などの無断複製は著
作権法上での例外を除き禁じられています．本書を代行業
者などの第三者に依頼してスキャンやデジタル化するこ
とは，たとえ個人や家庭内の利用でも著作権法違反です．

〒600-8074　京都市下京区仏光寺通柳馬場西入ル
編集部 TEL 075-352-3711　FAX 075-352-0371
営業部 TEL 075-352-3373　FAX 075-351-8301
　　　　　　　　　　　振替　01010-7-5702
e-mail　webmaster@kagakudojin.co.jp
URL　https://www.kagakudojin.co.jp
印刷・製本　（株）シナノパブリッシングプレス

Printed in Japan ©I. Ryu et al 2017　無断転載・複製を禁ず
乱丁・落丁本は送料小社負担にてお取りかえします

ISBN978-4-7598-1948-9